ロレックスが買えない。

ジャーナリスト
浜大学教授
並木浩一

CCCメディアハウス

はじめに

腕時計ジャーナリストとして本格的に書き始めてから、すでに30年近い。大学教授になったのは13年前だから、腕時計の方がずっと前だ。ロレックスを四半世紀以上前から見続けてきたことになる。

新作の多くは、日本ではなくスイスでの発表時に取材し、実物を手に取り、説明を受け、質問を繰り返してきた。それは重要な意味をもっていた。実機が日本にはなかなか届かず、届いてもすぐに買い手がついてしまうので、実際に触って細部までみることが難しかったからだ。

ロレックスの記事を担当した雑誌編集者ならわかるだろうが、撮影用に腕時計を日本ロレックスから借りようとしても、なかなか難しい。売らなければならないので、撮影用の個体をキープできないのである。

ロレックスの、とくにスポーツモデルは、いつの時代も足りていなかった。それをあたり前のように受け取っていたし、ロレックスの悪口など、誰もいわなかった。あのクオリティの高さを維持しながら増産しろとはいえない。品質に比べて、無茶な値付けもしないのだ。

行列ができる飲食店のように、人気アーティストのコンサートチケットが数分で完売するように、そこには当然の理由があった。ロレックスはそれだけよい腕時計をつくってきたのだから、文句をいうのも野暮な話である。

このような品不足ながらも平和という不思議な平衡状態が激変したのは、ここ数年のことだ。新型コロナウイルスの世界的流行と同時に、ロレックスは足りないどころか買えない、という声が聞かれ、事実もそれを裏付けていた。さまざまな手が打たれているが、まだ事態は沈静化していない。

そんな時代に腕時計を手に入れたいならば、何を考え、どういう行動を取るべきか。この本は第1章で、ロレックスの超越的な人気の源泉をもう一度、掘り下げてみた。まずは、ロレックスと自分の間の、取るべき距離感を確認してほしいと願ったからである。

次に第2章で、現在の「ロレックス不足」に至る状況について、可能な限り取材を重ねて、事実と分析を提示した。ここまでで、腕時計ファンになったばかりの人でも、状況が把握できるだろう。

そして以降は「では、どうするのか」である。"To Rolex, or not to Rolex, that is the question." ロレックスか、ロレックス以外か。悩む価値がある問題であるし、答えはひとりひとりにしか出せない。それでも、これだけは伝えておきたいこと、忘れてはならない存在について、後半の全てを費やしている。

腕時計と出会う幸せは、実はすぐ近くにあるのかもしれない。それを見落としてほしくない、そう思うのである。

目次

第2章 日常になってしまった、「ロレックスが買えない」現象。

第4章 ロレックスが欲しい人にこそ、お薦めしたいブランドがある。

掲載している商品の価格は、2023年2月1日現在のものです。
また、素材等によって価格は異なります。

第1章

いかにしてロレックスは、特別なブランドになったのか。

1905年にロンドンで創業。その後、ジュネーブへ

世界の人々がロレックスを表現する言葉は、必ずしも一様ではない。ステイタスの象徴とする見方の一方で、最高の実用時計と定義する人々がいる。映画や小説に登場する主人公の腕時計として語られる半面、現実のヒーローたちの腕時計としても噂される。興味深いことに、その全てがあたっているのだ。都市で評価される性能が、砂漠やジャングルでも間違いなく威力を発揮する。空想の領域と現実世界とで、どちらも憧れの対象となる腕時計の存在は希有である。

しかも、その腕時計は何ら奇手奇策を用いることもなく、堅固な信念、揺るぎない信義則に則ってしかつくられていないのだ。ひとつの価値観に貫かれた腕時計が、様々な愛され方を許される。ロレックスはそういう腕時計として、現在の「超人気ぶり」を築いた。

ではロレックスはいったい、いつから超人気ブランドになったのか。その神話はいつから始まったのか。それを正確に語るのには1世紀の物語を綴らなければならないのだが、そのなかでも重要な機構の発明と、それを礎にしたいくつかの名モデルがある。

ロレックスの歴史は１９０５年に始まっている。創業者ハンス・ウイルスドルフがロンドンに、ウイルスドルフ・アンド・デイヴィス社を設立。この時計会社は１９０８年、「ＲＯＬＥＸ」の名をスイスで商標登録した。時計史上最も有名なスイス時計ブランドが誕生したことを、この時点で気づいた人間は少なかった。

後に本社はイギリスからスイス・ジュネーブへ移転。名実共にスイス腕時計となったロレックスの快進撃が準備された。

腕時計で初のクロノメーター認定

この時期のロレックスの慧眼は、誕生して間もない「腕」時計に注目したことだ。当時はポケットウォッチ全盛の時代。まだ新興メーカーのロレックスは、先駆者不在の分野に将来を描いていたのである。

１９１０年、ロレックスは腕時計ムーブメントとして初めてのクロノメーター認定を取得。１９１４年にはイギリスのキュー天文台による精度テストで、初のＡ級証明書を獲得した。小型のため精度が出しづらい腕時計ムーブメントでの快挙が、未来を拓いた。

最初の大発明は1926年である。この年、常識を覆す「オイスターケース」を開発。翌年には、ねじ込み式リューズの特許を取得し、防水性能は万全となる。第2の大発明は1931年、画期的な自動巻き機構「パーペチュアル」である。その名の通り永続的に巻き上げられるこの機構も、商品名となった。

1945年、「デイトジャスト」を発表。日付を表示するだけでなく、そのディスプレイが真夜中に瞬時に切り替わる独創的なメカニズムは、いまもロレックスのお家芸である。ひと際目を引く豊穣の年が1953年である。「エクスプローラー」「サブマリーナー」の誕生年。そしてこの年、「オイスター パーペチュアル」を装備した登山隊は人類初のエベレスト登頂に成功した。

そして伝説的なこの年には、もう一本、伝説に満ち、最も通好みのロレックスと評されることになる「ターノグラフ」も誕生している。

曜日表示をフルレターで12時位置に表示する「デイデイト」は、1956年に誕生した。普通名詞でありながらロレックスの独創を意味する固有名詞が、50年代にはほぼ出揃う。これらの技術は、現在もその評価が揺るがない、ロレックス不朽の金字塔である。

これ以後、今日に続く名品が腕時計史に続々登場する。「エクスプローラー」、「サブマリーナー」、初代「GMTマスター」、「デイデイト」、初代「ミルガウス」らは50年代に誕生している。１９６３年、「コスモグラフ デイトナ」、１９６７年「シードゥエラー」、１９８８年自動巻き「コスモグラフ デイトナ」、１９９２年、「ヨットマスター」。

２００７年のバーゼルワールドで衝撃的なデビューを飾った「ヨットマスターⅡ」と、華麗な復活を遂げた「ミルガウス」に至るまで、ロレックスの品には華がある。技術に裏打ちされた名品が時代を彩るロレックスの歴史学は、腕時計愛好家の必修科目である。

伝説の始まりは、「牡蠣のごとく、そして永遠に」

先述したように、ロレックス社の創業は１９０５年のことだ。当初、ロンドンで産声を上げた会社は１９０８年、「ＲＯＬＥＸ」の名をスイスで商標登録。創業者ハンス・ウイルスドルフ率いるブランドは英仏海峡を渡り、スイス腕時計の栄光を代表するメーカーの歴史が始まった。

20世紀初頭に誕生した時計メーカーにとって、時代は揺籃期だった。誕生したばかりの腕時計というジャンルは、まだ懐中時計の圧倒的なシェアの一角を占めるのみである。しかし、ヴィクトリア朝文化の終焉を待つように、イギリスに誕生した新進気鋭の時計ブランドは、この新時代のプロダクトに将来を賭けることになる。

旧時代の礼義作法や華美な装飾性と訣別するように、ロレックスの製品は独創的な未来を志向した。ポケットウォッチにはおよそ必要がない機能と性能を、腕時計の将来に必須のものとして思考したのである。

全ての腕時計に一大転機をもたらす「オイスターケース」の発明は、1926年のことだ。牡蠣のように堅く口を閉ざす、腕時計初の本格的な防水装置の誕生。この年10月、「オイスターケース」のロレックスを腕に嵌めたメルセデス・グライツは、女性で初めてドーヴァー海峡横断遠泳に成功した。

かつてロレックスが渡った海を、その画期的な発明が辿ったのである。機能にして性能である卓抜な意匠は翌年、さらに特許取得のねじ込み式リューズを備え、「オイスター」はロレックスを象徴する固有名詞となった。

1931年には、全回転ローターをもつ自動巻き機構、「パーペチュアル」を開発。腕時計の動作に永続性をもたらしたこの発明は、「オイスター」と最強の一対となった。

いかなる環境にも耐える腕時計が、いつまでも止まらない。「ロレックス オイスター パーペチュアル」は、誰にとっても身体から離す必要がない、唯一の腕時計となった。

ショーファー付きリムジンの革シートに身体を埋める紳士淑女の腕時計と、地の果てで四輪駆動を駆る冒険家の腕時計が符合する。およそ大きな矛盾を、ロレックスはひとり乗り越えた。最高の実用時計は、不可侵の領域を生み出したのである。

世界初の日付表示付き腕時計、デイトジャスト誕生

「オイスター パーペチュアル」に、魅力的な第3楽章が書き加えられたのは1945年のことだ。数々の特許取得を前触れとし、その腕時計は誕生する。

「オイスター パーペチュアル デイトジャスト」。日付を小窓で表示し、深夜に瞬時に切り替わる腕時計の独創性は、半世紀を超えたいまも揺るがず、追随を許さない。

不変の古典「オイスター」、伝統の「パーペチュアル」に加わった「デイトジャスト」は、ひとつの型を完成させたのである。

1945年に誕生した「デイトジャスト」は、世界初の日付表示付き腕時計である。腕時計の様相を一変させた、機械式デジタル・カレンダーの発明はセンセーションを呼び、早くから普遍的評価を得た。

腕時計の歴史に書き加えられた「デイトジャスト」という名のクォンタムジャンプもまた、時代を瞬時に切り替えたのである。

単なる表示の付加ではなく、「デイトジャスト」は独立した技術の系である。時刻表示と同じメインスプリングからの動力を受け取りながら、それを単に表示に経由するのではなく、力学的に蓄積するシステムを有する。

エネルギーは真夜中、最後の一瞬で解き放たれ、日付リングを送るのである。

このシステムは華麗な日付表示のシークエンスをみせる結果だけでなく、精度に影響せずに日付を表示する考え抜かれた技術であり、その成果としての設計だ。

実際、「デイトジャスト」は当初から公式クロノメーター・ムーブメントの認定が可能な精度を誇り、今日に至る。さらにロレックスは「デイトジャスト」に関する技術更新を繰り返し、幾度となく特許を取得している。

「オイスター」「パーペチュアル」に次いで登場した「デイトジャスト」は、ロレックスが20世紀前半に達成した3大発明に数えられる。その「デイトジャスト」は、極めて精緻な機構である。

実際のところ、その持ち主でも午前0時の日付の跳躍を眺める機会はそうないだろう。シンデレラを驚かせた鐘の鳴り始めほどの前兆もなく、ジャストの瞬時にデイト表示は切り替わるのだ。

この魔術師的な超絶技巧をロレックスはひとり編み出し、練り上げていった。サファイヤクリスタルは、2・5倍に日付表示を拡大するサイクロップ・レンズを装備。神話上のひとつ目玉の巨人が語源である異形の拡大鏡は、人の腕に「デイトジャスト」を識別する格好のアイコンである。

ロレックス20世紀前半の3大発明

その「デイトジャスト」機構の無上の相方となったのが、件の「オイスターケース」である。精巧で繊細な機構は、防水性・防塵性において無比のケースに抱き止められ、ねじ込み式トリプロック・リューズが脇を固める。

24時間毎の芸術的な「デイトジャスト」のジャンプは、外界からの悪影響を遮断する守護神に保証されているのである。

「オイスター パーペチュアル デイトジャスト」の名は、頑丈で、止まらず、日付を示し続けることを誓う腕時計の謂だ。ロレックス20世紀前半の3大発明を連結する固有名詞は、至高の三位一体を表現する。

1950年代は、ロレックスにとってひとつの記念すべきディケイドになった。1953年5月29日、標高8848メートルの世界の最高峰エベレストに挑戦した、「ロレックス オイスター パーペチュアル」装備のイギリス隊が初登頂に成功したのである。

ニュージーランド人のエドモンド・ヒラリー隊員とシェルパのテンジン・ノルゲイが頂上に立ったのは午前11時30分。その時間を記憶したのはロレックスである。故エリザベス女王の戴冠式前に登頂が成功するか、イギリスならずとも興味が集中していた時期だった。

地表の最高点を制したことにより、極限の過酷な状況におけるロレックスの性能に対する評価は高まった。

この年、ロレックスは探険隊用モデルともいえる「エクスプローラー」と、ダイバーズ・ウォッチの名品「サブマリーナー」を世に出す。翌54年には「GMTマスター」が発売される。56年には「デイデイト」。現在に至るロレックスの隆盛の技術的な基礎の完成は、矢継ぎ早の新機軸発表で誰の目にも明らかだった。

ダイバーズ・ウォッチの原点、サブマリーナー

「サブマリーナー」はロレックスのダイバーズ・ウォッチの原点であった。

現在のように腕時計のカテゴリーが細分化される以前は、ダイバー向けの秀品が万能のアウトドア腕時計だった。マリンスポーツ全般はもちろん、登山や密林探検、極地行の命綱にも相当するギアとして、信頼できる腕時計が選択されていた。

必要なのは防水性、防塵性。つまりはどれだけケースを密閉してムーブメントを保護できるか、精度を保つことができるのか。この命題にもっとも真摯に関わってきたブランドといえるのがロレックスである。

名品「ロレックスのサブマリーナー」の正式名称にも〝オイスター パーペチュアル〟

が前に置かれる。牡蠣のように堅く口を閉ざす頑丈なケースに、自動巻き搭載という意味のタイトルは、〝閣下〟や〝殿下〟のような、滅多にはない存在への尊称のようなものだ。〝オイスター パーペチュアル〟は、「デイトジャスト」や「コスモグラフ デイトナ」には「華麗・精密でありながらタフ」という性格付けを行う。一方、「サブマリーナー」では「みた目もタフ、実際も頑丈」という、外見と性能が完全一致する。

ダイバー向けの性能として譲れないものが「視認性」。潜るほど光が乏しくなる海中で時間を精確に読み取るための仕組みは必須である。

「サブマリーナー」のクロマライト夜光塗料を施した仕様は、その目的に忠実で、針は太く、円と三角形、バーの指標はごく大型である。ほかにはない、アイコニックで完成されたデザインだ。

「サブマリーナー」の存在感は、ときには現実を乗り越えた。イアン・フレミングの原作に書かれた単なる「ロレックス」を、初期の『007』映画のスタッフは「サブマリーナー」と解釈した。ショーン・コネリー演じるジェームズ・ボンドが身に着けたのはこの腕時計である。

映画との関わりでいえば、「GMTマスター」のエピソードも見逃せない。

実はロバート・レッドフォードのロレックス好きは有名な話だ。1972年の『候補者ビル・マッケイ』でカリフォルニア州の上院議員選挙に打って出る弁護士を演じたときは「サブマリーナー」。そして『大統領の陰謀』で、ニクソン大統領を追いつめるワシントン・ポストの記者を演じたときには、「GMTマスター」を着けた。

名優レッドフォードとGMTマスター

この選択がなんともリアルなのは、まずタフな新聞記者のライフスタイルにぴったりであることだろう。

ロレックスの「オイスターケース」は丈夫が取り柄であり、ねじ込み式ロックのリューズを外さない限りは、防水・防塵性能も抜群。毎日が締め切りであり24時間が仕事といっても過言ではない、社会部記者の役柄に現実感を添える。

しかも世界が注目するメディアのジャーナリストにとって、質実剛健なブランドのステイタス感もほどよい。そして何より、レッドフォードが演じたのはアメリカの新聞記者である。ホワイトハウスの東部時間は、ロスより3時間、シカゴより1時間早い。

何より、いまロンドンが何時なのかが瞬時にわからなければ、グローバルな政治の世界を追うなど百年早いのだ。

24時間針を備えた「GMTマスター」は、もっともシンプルな仕掛けで地球の別地点の現在時刻を表示する。その腕時計を着けているのは、そういう腕時計が必要な人生を送る男であることの、控えめな誇りの表明なのである。

最高峰を制したロレックスに、1960年には地球の最深部へ向かうチャレンジのときが訪れた。深海観測用潜水艇トリエステ号の外側に特別製の「ロレックス オイスター」が取り付けられ、艇は1万916メートルの潜水を行う。そして暗黒の深海から帰還したロレックスは、なんらの影響もなく正常に作動したのである。

唯一のレーシング・クロノグラフ、デイトナの登場

1963年には、自動車レースの世界にロレックスが勢力を広げた。「コスモグラフ デ

イトナ」の登場だ。ロレックス唯一のレーシング・クロノグラフ（ストップウォッチ付き腕時計）は、その後1980年代に人気が沸騰し、その熱気はいまも全く衰えない。

「デイトナ」の名がどこから採られたかについては公表されていない。ただしその名が、1959年にオープンしたデイトナ・インターナショナル・スピードウェイのイメージを喚起することは間違いない。

デイトナビーチの名は、モータースポーツファンなら知らない人間はいないだろう。アメリカ合衆国フロリダ州デイトナビーチといえば、デイトナ・インターナショナル・スピードウェイの所在地だ。

アメリカではF1を凌ぐ人気のストックカーレースの最高峰、NASCARスプリントカップシリーズの開幕戦である「デイトナ500」を開催するオーバルコースである。

もともと広大な砂浜が素人レースのメッカであった土地柄であったところに1959年、スピードを重視したオーバルコースが誕生した。数年後には「ル・マン」「スパ・フランコルシャン」と並ぶ世界3大耐久レースのひとつ「デイトナ24時間レース」が始まり、デイトナビーチはカーレースの聖地となった。

なお、ロレックスは1991年からデイトナ24時間レースのスポンサーとなり、優勝チーム（3名＋補欠1名）に毎年、記念の文字を裏蓋に刻んだ「デイトナ」を提供している。

海へ、砂漠へ。飽くなき挑戦の系譜

海でのチャレンジは、もちろん忘れられたわけではなかった。1971年に発売された「オイスター パーペチュアル シードゥエラー」は、610メートルまでの防水を保証する、当時としては超スパルタンなモデルである。

深海作業時のエア・コンディションを想定したヘリウムガス排出バルブを備えていた。この腕時計を標準装備するフランスの潜水会社COMEXのダイバー6人は、4年後に潜水1070フィートの世界記録を樹立する。

一方で、砂漠でのチャレンジがあったことも見逃せない。1973年の調査、75年の本番と2度にわたるトム・シェパードのサハラ砂漠横断のチャレンジである。

800キロメートル×480キロメートルの無人地帯「エンプティ・クォーター」を通っての横断を目的としたこの冒険で、「ロレックス オイスター GMTマスター」の果たした役割は小さくない。

地図上の空白地帯で位置測定の計器が故障したとき、進むべき方向を決定したのは主に太陽と、そして正確無比な腕時計だったのである。

そして、この大冒険を終えたときでも、「ロレックス オイスター GMTマスター」は故障していなかった。

歴史を刻んだモデルは進化を続ける。1980年には1220メートルまでの防水を保証する「シードゥエラー」、83年には「GMTマスターⅡ」、88年には「コスモグラフ デイトナ」を発売する。

決して古くならない堅固な技術の上に、さらに先進の機軸が加えられるという幸福な形で、ロレックスの発展は現在に至っている。1992年には「オイスター パーペチュアル デイト ヨットマスター」の登場。過去と同様に、ロレックスの未来の物語は終わりなく、華やかに継続する。

そして、２０２２年も押し詰まったころに登場したのが、1万１０００メートルという驚異の防水性能を誇る「ディープシー チャレンジ」だ。ロレックスの新製品は常に人々を驚かせ、魅了する。その繰り返しが、ロレックスへの信頼と憧憬を拡大し、神格化していったのである。

デイトナがロレックスの代表モデルになるまで

「コスモグラフ デイトナ」は、ロレックスを代表する人気モデルである。１９６０年代に誕生し、20年かけて頂点に上り詰め、その座を現在まで守り続けている。ロレックスの伝説に重なるその人気の秘密を、もう一度追ってみたい。

通称「デイトナ」の名で呼ばれる腕時計は、ロレックス社の半世紀に迫るロングセラーであり、もっとも有名なクロノグラフだ。現在の正式名称は「ロレックス オイスター パーペチュアル コスモグラフ デイトナ」である。

ロレックスの発明である世界初の本格防水機構「オイスター」、自動巻き機構「パーペチュアル」を備えたコスモグラフ＝クロノグラフは、ロレックスのブランドネームに３重の価値を積み上げた逸品だ。

世界中のファンからの購入希望が常に生産量を上回り、オーダーから納品まで何年待つかわからないという話は、現在も進行中の腕時計界の伝説である。

「デイトナ」と聞けば、それがそもそも地名であることを知らない人でも、この腕時計のことは聞いた経験があるに違いない。

１９６０年代に忽然と登場したそのクロノグラフは、１９８０年代に人気が沸騰し、熱気はいまもまったく衰える気配をみせない。何年かかっても手に入れたいファンを世界中にもつ、現代の幻の逸品である。

しかもユーズドもヴィンテージも、つまりはすでに生産終了した品ですら、世界中のコレクターが探し回っている。一度も評価の下がらない時計の神話は、さらに「デイトナ」の人気に拍車をかけているのだ。

また、コレクターが手放さないため、過去に生産終了したオールドピースは、なかなかアンティーク市場に出回らず、幻の影さえも薄い。新作も、ユーズドもヴィンテージであっても、「デイトナ」は腕時計の過去から未来を同じ価値で貫く、華麗なる逸品なのである。

デイトナとポール・ニューマンの関係

そのヴィンテージのなかでもひと際希少価値が高いのは、「ポール・ニューマン・モデル」と呼ばれる品だ。これは「デイトナ」のうち、「エキゾティックダイヤル」の通称をもつ文字盤デザインのものだ。

これは、もともとダイヤル全体と内側のインダイヤルがツートンカラーの時代の「デイトナ」なのだが、このモデルでは外周の色がもう一度切り替わって、インダイヤルと同色になる。

また、インダイヤル内のインデックス表示に十字の線と四角いマーカーが加わり、モデルによっては外周のインデックスが赤で表示される、といった特徴がある。

ちなみにロレックス社では、このモデルのことを一度も「ポール・ニューマン」と呼んだことはなく、ファンと市場が命名したニックネームである。

そもそも「コスモグラフ デイトナ」は、熱狂的なロレックスファンで腕時計好きに求められてきたモデルだ。そしてもうひとつ、この腕時計には「コスモグラフ デイトナ」を愛した映画スター、ポール・ニューマンのオーラが重なる。彼が「デイトナ」を愛用し続けたことは非常に有名な話だ。

ポール・ニューマンは2008年に亡くなったが、アメリカではいまだに絶大な人気を誇る。オスカー俳優で映画監督、のちに食品会社を興してサラダドレッシングで成功し、しかも、その莫大な収益を慈善活動に向けた篤志家。死後なお、ドレッシングのボトルに描かれた彼の顔は、アメリカの食卓のレギュラーである。

1925生まれのポール・ニューマンは、1986年『ハスラー2』でアカデミー主演男優賞を獲得した。アメリカの映画俳優として頂点を極めた一方で、反権力的な政治・社会活動、経営者としても著名な、アメリカン・ヒーローのひとりである。

そのニューマン本人が一時期、熱中していたのがレーサーとしての活動だ。自らプロデュースした映画『レーサー』（1969）でレーシング・ドライバー役を演じたのを機に、44歳でプロとしてデビュー。デイトナならぬル・マン24時間レースに出場し、なんと2位入賞を果たしてもいる。

ニューマンが愛用した希少なモデル

腕時計がスターのオーラと組み合わさり、その人気が爆発したもっとも顕著な例だ。1977年には、デイトナ24時間レースで5位入賞を果たしている。そのポール・ニューマンがプライベートで愛用していた腕時計が、ちょっと変わった文字盤、いわゆるエキゾティックダイヤルの「コスモグラフ デイトナ」だった。

必ずしも彼が特注したわけではないのだが、そのモデルは希少なものであって、その文字盤をもっている「デイトナ」は「ポール・ニューマン・モデル」という、非公式の異名をもつに至った。

イメージリーダーの腕時計の通称はロレックス社が認めたものでも何でもないのだが、マニアの符牒のようにその名が流布し、品薄の「デイトナ」のなかでもさらに幻のモデルとなった。

日本では、その後ポール・ニューマン本人がロレックスを中心に扱う時計販売店のＣＭに出演したことから、「ポール・ニューマン・モデル」を正式名称と誤解する人間はさらに増加した。

彼の映画はいまでも配信やＤＶＤで観ることができるが、現在は俳優としてのポール・ニューマンを知らない世代が、「デイトナ」のファン層の中心になっているといってもいいだろう。というよりポール・ニューマンは、世界一有名な腕時計にもまた、永遠の名前を遺したのである。

ちなみにポール・ニューマン自身の愛用品だった「コスモグラフ デイトナ」は２０１７年、オークションで１７８０万ドル（当時の為替レートで20億円超）もの高額で落札されている。

「デイトナ」に大きな転機が訪れたのは１９８８年のことである。手巻きモデル最後期に完成していた防水性能は１００メートルに達し、ロレックスの「オイスター」を名乗る資格も十分に満たしていた。

そしてこの年、ムーブメントが手巻きから自動巻きへの移行を果たしたのである。自動巻きを示すロレックス独自の呼称を加え、「ロレックス オイスター パーペチュアル コスモグラフ デイトナ」の名は完成する。

名機「エル・プリメロ」を徹底的に改良

ムーブメントはこのとき以降、それまで採用していたヴァルジュー・ムーブメントの搭載を止めている。新採用されたのは、時計メーカーとして知られるゼニス社の「エル・プリメロ」をベースに、独自の徹底的な変更を加えた「Cal．4030（キャリバー 4030）」である。

約200カ所も変更されたといわれる自動巻きムーブメントは、安定した精度を出す名機と呼ばれた。振動数は毎時2万8800、秒あたり8振動に設定された。

そしてこのムーブメント搭載時以降、「デイトナ」はかけがえのないひとつの称号を手に入れる。「デイトナ」は全品「クロノメーター」＝外部の公的機関がテストした後に証明書を発行された高精度時計と決められたのである。

一方、手巻き「デイトナ」は生産中止の噂が流れた頃から人気が急騰していた。旧モデルと新モデルが同時に人気となり、需要が供給を追い越すという状況は、この頃から常態となっていった。

さらに２０００年、デイトナは最大のターニングポイントを超えた。この年、「Ｃａｌ．４０３０」に代わる新ムーブメントの搭載を実行。その「Ｃａｌ．４１３０」は、ロレックス社の自社開発・自社製作だったのである。

１９０５年に創業したロレックスにとっても、初の自動巻きクロノグラフ・ムーブメントのインハウス化であった。

ムーブメント開発には、莫大な費用と長い年月、そして何より高い設計の能力、製造の技術が必要となる。自社製作ができるメーカーを「マニュファクチュール」と呼んで、ほかと区別する時計界での習慣は、その才能と努力に対しての畏敬を多分に含んでいるのだ。しかもクロノグラフの自社製作は、設計の段階から製造、メンテナンスに至るまで、通常の腕時計とは比較にならないほどの労力を必要とする。ロレックスはその道にあえて踏み込んだ。

新ムーブメントは熱狂的に迎えられた。この年、当時は世界最大の時計見本市であったバーゼルワールドの来場者数は、万の単位で増えたと現地でも話題だった。世界で一番人気のクロノグラフの自社製ムーブメント搭載は、抜群のニュースだったのである。腕時計関連メディアも、「デイトナ」一色で染まる様相をみせていた。

同時に、前回のモデルチェンジと同じ状況が再び起こった。生産中止になる旧「デイトナ」を誰も彼もが追い求めたのである。新モデルが市場に姿を現すまでのいっとき、「デイトナ」は世の中から姿を消した如くの状況が出現した。

いま振り返っても、状況はそれほど変化していない。「デイトナ」は初代から現行品に至るまで、全モデルが常に探され、求められ、待たれる腕時計である。歴史上もっとも人気の高いクロノグラフという記述が、時計史にまだ書き込まれていないのは、その現象が続いているからだ。「デイトナ」とはそういう腕時計なのである。

ロレックスが築き上げた世界観

ロレックスの立ち位置は、腕時計界でも特異なほど、孤高で不可侵のものといっていいだろう。その地位に上り詰めるまでに、ロレックスは何をしてきたのか。

華麗なる製品開発史と並行して、ロレックスの価値を語る上で見逃せないことがある。それは腕時計そのものだけでなく、その社会的活動が、ブランドとしての相対的価値を上げてきたということだ。

尊敬すべき企業であるということが、ロレックスを所有することもまた、誇らしいことであるということに位相を変える。メセナやスポンサード、パートナーとしての活動を、少なくとも半世紀以上、ロレックスは続けてきた。

逆説的にいえば、たとえその品物がなくても、ロレックスは存在に値するブランド価値をもっているのである。

たとえばテニス界では、ロレックスは全米オープンのオフィシャルタイムキーパーを２０１８年大会から受任している。あの、大坂なおみが初優勝した年のことであり、２０２

0年に無観客の中で果たした2回目の優勝も、記録したのはロレックスである。

ゴルフでは全米オープンを1980年から、全米女子オープンは2003年からオフィシャルタイムキーパーを務め、マスターズ・トーナメントのインターナショナル・パートナーともなっている。

特に女子では、メジャーを頂点に、世界中のトーナメントが連動する「ロレックスランキング」が事実上の世界ランキング。五輪出場の各国代表選出の基準にもなっている。

モータースポーツではその頂点、F1のグローバルパートナー兼公式タイムピースであり、最も過酷なレースであるFIA世界耐久選手権（WEC）の公式タイムピースでもある。ル・マン24時間レースも、ロレックス デイトナ24時間レースも支えている。

馬術では、故エリザベス女王が79年間一度も欠席したことがなかった、というロイヤル・ウィンザー・ホース・ショーのオフィシャルパートナー。そもそも障害飛越競技での最高の栄誉は、最高難度の4大会を制する「ロレックス・グランドスラム」の称号だ。

ヨット界でもその年最高の栄誉は、とくに活躍した男・女セーラーを顕彰するロレックス・ワールド・セーラー・オブ・ザ・イヤー賞である。

芸術の世界では、ウィーン・フィルハーモニー管弦楽団のパートナーであり、ザルツブルク音楽祭のメインスポンサー。英ロイヤル・オペラ・ハウス、パリ・オペラ座、ミラノ・スカラ座、ニューヨークのメトロポリタン歌劇場ともパートナーシップを結んでいる。

いわゆる腕時計ブランドの技術史やサクセスストーリーとは異なる物語が、ロレックスにはある。それは、あるべき世界はこういうものだという信念に、自分たちの役割を寄り添わせよう、という意思の存在かもしれない。

重要人物を「テスティモニー」として指名

現在ロレックスは、スポーツ、探検、文化、科学の分野で、狙いを定めるかのように特定のジャンルに対し、非常に強いコミットを行っている。そしてそこでの重要人物を「テスティモニー」として指名している。

聞きなれない言葉であるが、あえて翻訳すれば「証言」ということになるだろう。

ただ、むしろ――この言葉は、キリスト教徒には馴染みのある「信仰告白」に似ている

（日本でも教会によっては「証し」という名で知られている、体験した奇跡や強烈な信仰体験を発表する場が設けられている）。

ほかのブランドでは「アンバサダー」として置かれることが多いが、ロレックスではこの名前で一貫している。

テニスでの歴代テスティモニーはロッド・レーバー、クリス・エバート、ステファン・エドバーグ、パット・ラフター、ジュスティーヌ・エナン、ファン・マルティン・デル・ポトロ、アンゲリク・ケルバー、スローン・スティーブンス、ビアンカ・アンドレスク、ドミニク・ティエム、ロジャー・フェデラー、リー・ナらの名前が挙がる。

ゴルフでは、マスターズ優勝者の松山英樹、同じくオーストラリア人でマスターズを初めて制したアダム・スコット、2017年全米プロゴルフ選手権の勝者ジャスティン・トーマス、2021年全米オープン優勝のジョン・ラーム、伝説の偉人ジャック・ニクラウス、ゲーリー・プレイヤー、タイガー・ウッズ、ジェイソン・デイ、ジャスティン・トーマスらも全て、ロレックスのテスティモニーだ。

芸術の世界では伝説的ソプラノ歌手キリ・テ・カナワはじめ、チェチーリア・バルトリ、サー・ブリン・ターフェル、ソーニャ・ヨンチェヴァらオペラ界の至宝、日本でも人気の高い世界的指揮者、グスターボ・ドゥダメルらの名前が並ぶ。

スポンサー、パートナーとして協賛、協力し、テスティモニーによってその価値観を表明する。そうした活動を通じて、価値観を共有したその分野のファンは、ロレックスに対してシンパシーをもつ。

テスティモニーが着ける腕時計を通じて、ブランドとその腕時計に対しても興味と共感をもつ。ビジネス界のトッププレーヤーでありながら文化の庇護者として存在感を示す、代表的なブランドなのである。

ロレックスは宗教に似ている

ロレックスの魅力を語るにあたって、もっとも特徴的なのは、その「宗教性」ともいえる構造である。

一般的に腕時計のファンは、好みのブランドを自分、家族や友人のことのように語る場合が多い。だけれども、ロレックスの場合は、むしろひとつの宗教とその信者のような関係に近い。宗教の場合は、教義が書かれたある種の聖典があり、それを聖職者が介在し、信者に語り伝えることで理解が伝わる関係性が成り立っているものだ。

キリスト教の聖書の例をみるまでもないだろう。後世の神学者たちがさまざまに聖書を解釈し、それが多くの分派を呼んだ。そうした中でキリスト教全体として広まるという構造になっていた。

ロレックスの場合にも同じようなことがいえる。ロレックスというひとつの聖典のようなものがあるとして、それを一義的にはマスコミやプレス、関係者などがさまざまに分析し、評価し、解釈する。

その言説を信者たちが受容する。このプロセスはやがてショートカットを形作り、信者そのものがその教義を独自に受け入れる形でも進行する。つまり、最初は集団的な形、さらには個人的な形でも、ロレックスへの想いは受肉され、広がっていくのである。

一般に宗教は、こうしたひとつの形ができあがり、信仰を中心としたひとつの団体やグループができてしまうと、あとは勝手にその集団が育っていく傾向がある。つまりはカリスマを中心に、信者たちがその教義を盛り上げていく。さらに初代のカリスマが失われても、すんなりと2代目がそれを引き継ぐ。

強固な集団ができあがっていれば、2代目以降にはカリスマ性は不要なのである。こうして信仰は継承され、永続を志向する。

ロレックスの場合は、ひとつの腕時計への志向が集中してこうした集団ができる。そして、また別のモデルで同じようなことが起きる繰り返し現象が起きた。たとえば「コスモグラフ デイトナ」の場合は、そもそも手巻きのクロノグラフとして始まり、それが自動巻き化され、さまざまな機構や機能が加えられ、性能はアップグレードし、最終的にはロレックス自社製ムーブメントを搭載するに至った。

前モデルの人気が落ちない理由

それら変遷の全てが、外部の者の手によって分析・解釈され、壮大なサーガとなって伝えられてきた。おそらく「デイトナ」は、外部の者が書いた記事や原稿が数多く、そしてまたそれだけのための本やムックの類が、世界で一番多い腕時計であるに違いない。

しかも多くの場合、何か否定的な言質を伴うものではなくて、およそ全てが肯定的に認められたということなのだ。たとえば「デイトナ」は、自動巻き化されても過去の手巻きを全否定されたわけではなく、手巻きの「デイトナ」は、ひとつの信仰体系を構築した。

その後、自動巻き化されたムーブメントは大きな変更があるのだけれども、だからといって、前ムーブメントの搭載モデルの人気が落ちるわけではなく、それがヴィンテージの市場で、また非常に大きな人気をもったりもする。


代替わりをするときに前のモデルの人気が急騰、ということも往々にして起きた。普遍の神話のようなものが成立し、強固に語られ続けてきた。そしてロレックス全体でいえば、その傾向はさらに強くなる。


「腕時計教」のようなものが、もしあるとすれば、ロレックス派は最大の信者集団であり、もはや「ロレックス教」といってもいい。

さらにその世界集団は、腕時計の世界では特異な流儀と行動様式、属性をもつ。「腕時計ファンでロレックスファン」だけではなく、腕時計ファンであるという前提なしにロレックスファンである人たちすら珍しくはない。

彼らにとっては、ロレックスが腕時計であるということ以前に、非常に多くの魅力が語られる対象であり、貴重な被造物だ。ロレックスとはブランドの名前であるよりも、ひとつの価値体系なのである。

所有を前提としなくても楽しめる

語られ続けるロレックスは、腕時計の新しい楽しみ方の象徴的な出来事といってもいいかもしれない。つまり固有の腕時計のファンであったとしても、必ずしもその腕時計をもっているとは限らないということが起きているのだ。

なぜなら、ロレックスに限っていえば、望んだからといって手にできるとは限らない。その環境のもとで、「ロレックスについて書かれたものを読む」楽しみ方が、腕時計そのものを所有することの喜びと同じようなレベルで、存在し始めた。

もし所有しているのであれば、それは自分の持ち物であるロレックスについて語られることを読む喜びだ。けれどそれ以前、ロレックスを手に入れる前に、憧れのロレックスについて読んで理解を深め、共感を育み、欲しい気持ちを盛り上げていくのである。

多くの場合、腕時計に対してすれっからしになっていない若者は、買う以前にロレックスのへの憧れを、何かしらの媒体で自ら高めている。

それは書店に行けばいくらでも並んでいる「ロレックス読本」の類であり、ネット上に溢れるロレックスの言説でもある。個人的な意見の羅列もあったりするとしても、おびただしい数のロレックス譚であり、ロレックス評であり、ロレックス賛がそこにある。

これがロレックスのひとつの麻薬性のようなものなのであって、つまりは一日中でも一年中でもロレックスの情報、ロレックス観にどっぷりと浸ることができる。

必ずしも具体的な情報ではないかもしれないし、嫌な気持ちになるような一方的な批判もあり、逆に必ずしも全面的には同意できないような一方的な賛辞でもあるかもしれない。

しかしどちらにせよ、振幅の大きい意見の交錯のなかで、自分としての立ち位置を決めるための参考意見はいくらでもある。そして、それは毎日繰り返される。

どこまで掘り尽くしてもロレックスの魅力が途絶えないのは、世界で最大数の腕時計好きが、この腕時計について語り合っていることにほかならない。

どのようにロレックスについて考えているかを知るだけではなくて、自分もその仲間に入る。ＳＮＳで自分が何かしらロレックスについて書けば、おそらく誰かしらの反応を惹く。それだけ興味をもっている人間の数が多いからだ。

そして、それに反応するようなことがあったら、また自分の気持ちは高まっていく。俗ないい方をすれば、ロレックスについて語ることは、「いいね」を誘う大きな武器なのである。

それは自分がロレックスを所有することへの憧れであり、所有した後での満足感にもつながっていく。自分が発信しないにせよ、誰かしらが自分の所有しているものと同じ腕時計を褒めていて、嫌な気持ちになるはずもないだろう。ロレックスの麻薬性は、永遠に終わらないのである。

ロレックスは「ラグスポ」ではない

ロレックスとはいったい何ものなのか？　もう一度このことについて考えてみたい。

近年、腕時計界でもてはやされている用語のひとつが「ラグスポ」、つまりはラグジュアリー・スポーツウォッチのことである。いくつかの特定モデルが圧倒的な人気を得ているほか、カテゴリーがひとつの人気ジャンルというようにいわれる。

反面、海外の時計関係者は「ラグジュアリー・スポーツ」という、妙な和製英語を使うことはない。いったい何を意味しているのか？　といったことを聞かれることもある。

そもそも日本におけるラグジュアリー・スポーツの定義は、なんとなくの気分のような曖昧さを感じるものだ。誰がいい出したのか、それは老舗ブランドの「オーデマ ピゲ」が始めたひとつのジャンルであって「本来ラグジュアリーなブランドがつくった、スティール製の画期的な高級スポーツウォッチ」の系譜だという。

オーデマ ピゲの「ロイヤル オーク」がその端緒になるわけだが、「ロイヤル オーク」の誕生は1972年のことである。一方で、ロレックスのスポーツ系モデルのルーツは多く50年代、または60年代に始まっている。「GMTマスター」しかり、「サブマリーナー」しかり、「コスモグラフ デイトナ」も同様だ。

つまりはラグジュアリー・スポーツという言葉が指すモデル群が誕生する前に生まれていた「スティール製の高級スポーツウォッチ」なのだから、後から勝手にラグスポというわけにもいかない。ロレックスは、はっきりいってラグスポではなく、何か別のものだ。

ではいったい、ロレックスはどのような腕時計だといえばいいのだろうか？

誤解を恐れずにいえば、ロレックスはスイス製の「高級実用腕時計」である。もっと端的に「スイス最高品質・最高性能の実用腕時計」ということもできるだろう。

実用性を必要以上に、または最高のオーバークオリティで実現することによって、実用性がロマンに転化してしまう。最高品質への敬意が、恋愛感情にも似た憧憬に変わる。ロレックスは、それをずっと現実化してきたのである。

だからこそ逆説的に、ロレックスのスポーツモデルは街使いであっても、絶対的な市民権を得ているのである。それがスポーツのための腕時計であるかどうかを問わず、ロレックスはあらゆるシーンでその居場所を確保してきた。

007が解決した「ダイバーズ×スーツ論争」

たとえば「サブマリーナー」の一族もそうだ。長いこと、ダイバーズ・ウォッチは果たしてスーツに合わせていいものかどうかが論争されてきた。けれどもそれは、「007」ジェームズ・ボンドがスーツ姿で身に着けたことで解決されてしまったように思う。

つまり街では、オーバークオリティな高性能であるとするならば、実はそれこそがそれを装着する理由だということだ。高い性能、高い品質が、用途を問わずロレックスをどこに着けていってもおかしくない唯一無二の腕時計にした。常に命を狙われているヒーローに、ほかにどんな時計を着けろというのか?

その後、「サブマリーナー」の一族は「シードゥェラー」であったり、「ディープシー」であったり、果ては1万1000メートル防水の「ディープシー チャレンジ」といったウルトラスパルタンのモデルを世に出す。

本当に人間の限界を試すような腕時計を街に持ち出すことによって、突き抜けた性能がロマンティックに転化する、つまりは実用性がロマンに昇華するという、腕時計としてはあり得ないような存在価値をもった。だからこそ、どんな場所に行っても大丈夫なのだ。

ロレックスの全モデルには、そのような突き抜けた最高性能というものがある。冒険者の腕時計という「エクスプローラー」しかり、「ヨットマスター」しかり。それがいかなる冒険をする者でなくても、冒険に耐えるタフさでロレックスはその持ち主に貢献する。

たとえヨットのアッパーデッキに一度たりとも乗ったことがない人間だとしても、「ヨットマスター」の防水性には絶対の信頼を置くことができる。

「ヨットマスターⅡ」は、ヨットレース独特のスタートがカウントダウンから始まるルールに対して、圧倒的に便利なレガッタウォッチである。けれども、そんなことを知るよしもなく、この先も一生ヨットレースに出ることはないだろうとしても、夢の準備にはなる。もし観戦艇の上でヨットレースをみる機会があれば、そのときの満足感だけで一生分の元は取れるだろう。

ロレックスは、なりたい自分になるためのツールでもある。

成功者の腕時計のように、ロレックスはよくいわれる。それはあたっているだろう。人は成功したときに、自分にご褒美を与えたくなるものだ。誰からも認められるロレックスであって、悪いわけはない。

一方で、まだ十分に満足ができていない自分であったとしても、ロレックスを買うということは、ベンチマークを将来に置くことにほかならない。

夢みる腕時計は、夢を実現するための時計

人は、ロレックスの似合う人間になりたいから、ロレックスを買うということもできるのだ。なりたい自分と現在のディスタンスが、ロレックスの腕時計には組み込まれている、または設定されていると思えれば、それは励みになる。

誰か他人の腕にロレックスをみつけ、その人間の価値を推し量るとする。それがロレックスに似合う人間かどうかはともかく、少なくとも自分を肯定していることは明らかにわかる。人は自己を肯定しているときでなければ、ロレックスは買わない。

自分の人生を悲観している人間は、高級腕時計を買わないものだ。だからこそロレックスは、自分が憧れている自分、自分を超越した自分になるために必要な腕時計なのである。

第2章

日常になってしまった、「ロレックスが買えない」現象。

コロナが到来して、店頭からロレックスが消えた

ロレックスが買えない。

いま腕時計の世界で起きている事象は、この言葉に象徴されていると思う。もちろんロレックスの一部の人気モデルの品薄は、いまに始まったことではない。

ただし現在、それが全モデルに広がり、全世界に共通する。洪水が大地を覆い隠すように、何もみえなくなってしまったのである。いったい全体、何が起きたのか。コロナ禍を境に、腕時計の世界も急変している。

ロレックスはいうまでもなくよい腕時計だ。時計のことを30年近く書き続けているジャーナリストとしていわせてもらえれば、ロレックスはひとつとして外れがなく、必ず薦めることができる腕時計なのである。それが買えないというこの状況下で、どうしたらいいのだろうか？

実はロレックスでは、以前からその前兆ともいえる特有の現象が起きていた。というの

もロレックスは、もともと〝慢性的な品薄〟が一部のモデルを中心にずっと起こっていたブランドだ。

全てはデイトナから始まった

その象徴的なモデルが「ロレックス オイスター パーペチュアル コスモグラフ デイトナ」である。

ロレックスとレース界の蜜月の象徴ともいえる「コスモグラフ デイトナ」は正真正銘、生粋のレーシング・クロノグラフである。そして同時に、希少なレアモデルの代表としても語られてきた。

「コスモグラフ デイトナ」は生産量に対して、購入希望の数の方が大幅に上回っているということが、数十年続いてきたのである。これについてロレックス社が生産量を絞っている、という悪口をいう人間もいるが、決してそんなことではない。

いまの何倍何十倍と生産を増やしたとしても、市場がヒートアップするだけだろうし、そもそも精密な機械式クロノグラフの生産量を、天井知らずに増やせるわけがない。

結果として、一本の「コスモグラフ デイトナ」に何本もの手が伸びているというのが常態となった。ロレックスを正規に取り扱う時計店や百貨店のどこでも「『デイトナ』が欲しい」という客に何十年も対応を続け、謝り、断り、また順番待ちを受け付けていなかった店はひとつもないだろう。

買いたい人全てに「コスモグラフ デイトナ」を提供できた時計店は、いまだ存在しないのである。時計店にとって、これは心苦しいことに違いない。

時計店とは、時計好きのスタッフが、時計好きのお客の要望に応える幸せな場所である。同じ趣味をもつ者同士のその関係性が、ものがないことで危うくなる。

さて、この「コスモグラフ デイトナ」に関しては、買いたくても買えない「待つ」腕時計であり、「探す」対象となった。これは腕時計の歴史のなかでも珍しいことだ。普通、腕時計は「選ぶ」ものであり、その前段階で「迷う」のがあたり前だ。

そうした熟慮のプロセスを全て超越した。数十年前から正規の時計店では「いつでもいいから入荷したら売って欲しい」と申し出るものになっていた。何年も待つのがあたり前で、それでも手に入らないのも常識だった。

一方、時計店では、いつ入荷するかわからないモデルをあてにして、ウェイティングリストに名前を記載することが、むしろ不誠実なのではないかと考えていた。何しろ、何年先になるかもわからない予約を、受けられるはずもない。

そして、ウェイティングの方式を採らず、時計店が始めたのが「入荷したら展示し、販売する」という方法だ。あたり前のことを、あたり前でない腕時計にも適用したのである。

つまりは、いつ現れるかわからない「コスモグラフ デイトナ」が、前触れもなくある日突然、時計店のショーケースにあるのだ。

目を疑うようなサプライズに気づいた幸運な人間だけが、「コスモグラフ デイトナ」を手に入れることができた。誰からも文句の出ない絶対的に公平な方法を、時計店が編み出したのである。

デイトナを求めて探し回る人々

それは「在庫を隠しているのではないか」「特別な顧客にだけ販売しているのではないか」という邪推に対する反駁でもあった。

しかしこの方法が、思わぬ余波を生んだ。いきなり販売するという方法を採る時計店を、「探す」人々が登場したのである。つまり待っていても買えないロレックスの「デイトナ」を買うために、時計店を探し回るという奇妙な行動様式が誕生した。

たいていの場合、時計ファンは馴染みの時計店と昵懇になり関係が深くなる傾向がある。それを崩し、複数のロレックスの正規販売店を、「デイトナ」を求めて探し回るという行為をする人々が現れたのだ。

これが初期の頃の「デイトナマラソン」といわれていたものである。いまではロレックスのモデルを探す人々の行動を「ロレックスマラソン」というようになっているが、その最初である。

余談になるが、小生はこの「デイトナマラソン」とか「ロレックスマラソン」という言葉が大嫌いで、積極的に使うことはない。最近ではとくにこのロレックスの品薄のこと（事情）についてテレビ番組でコメントを求められることもあるが、やはりこの言葉を避けている。それを肯定、または許容すると思われたくないからだ。

番組側としては、どうしてもこの「ロレックスマラソン」という言葉をいわせようとする。センセーショナルで面白いからだろう。それでも筆者はできるだけこの言葉を避け、用いるときには否定的な意味で使うようにしている。

新たにスタートした事前来店予約制

そして2023年2月現在、また状況は変化している。多くの正規時計店が、ことロレックスが目的である場合に関しては、「事前来店予約制」を採用している。予約をした日に、店に希望モデルの在庫があれば購入できる、というものだ。しかしながら、その予約は極めて取りづらいという声が多い。

しかも、予約を入れて訪問しても在庫があることは保証されない。むしろ、ないことが普通だ。入荷時の取り置きも受け付けていない。

もうひとつ、大きな話題を呼んだのは、2022年12月からヨーロッパで開始された「ロレックス認定中古（Rolex Certified Pre-Owned）プログラム」である。

これは、「Rolex Certified Pre-Owned」という特別なプレートを掲げた正規品販売店でのみ、２年間の国際保証付きで「真正性と、時計が正常に作動することを証明する」腕時計を販売するというものだ。当初はヨーロッパに広く販売網をもつ老舗時計店「ブヘラ」でのみスタートし、ほかにも展開していくようだが、日本では、まだ不明点が多い。

どのスポーツモデルも手に入らない

先述したようにロレックスの「手に入らない」現象は、いまに始まったことではない。まずは「コスモグラフ デイトナ」から始まったその現象は都市伝説として広がり、やがて常識として語られるようになった。

ロレックス自体は、それを認めることで事態を追認するようなことはしなかったが、特約店と呼ばれるロレックス正規販売店の間で、沈静化のための手が打たれ、その深刻さが明らかになったのが２０１９年11月のことである。

この月の初めから、ロレックスの全国67の正規販売店のうち、およそ20の店が連携してスポーツ系の人気モデルを指定し、購入制限を設定したのである。

その内容は購入時に顔写真付きの身分証明書の提示を必要とした上で、同一素材で同一モデルの購入は5年間購入不可、ほかの指定モデルは1年間購入不可というものだった。

購入制限の対象はステンレススティール素材のモデルに限られていたが、その内容は以下の人気モデルを網羅していた。

「コスモグラフ デイトナ」「サブマリーナー」「サブマリーナー デイト」「シードゥエラー」「ディープシー」「GMTマスターⅡ」「エクスプローラー」「エクスプローラーⅡ」という顔ぶれである。

これらのモデルはすでに店頭で滅多にみかけることはなかったので、実際は人気モデルのノミネートを意味していると解された。

しかしそれでも、ステンレススティール素材の「ヨットマスターⅡ」「エアキング」「ミルガウス」はこのとき除外されている。またステンレススティール以外の素材、ゴールドやプラチナ、コンビの「ロレゾールモデル」は対象外であった。

つまりは、まだ状況が店頭から全てのスポーツモデルが消えてしまっている現在よりは、深刻ではなかったことになる。

コロナ禍の始まり。スイスの事情

そして、コロナ禍が始まった。

ロレックスだけでなく、スイス時計業界全体が影響を受けた。コロナ禍が進行するなかで、スイスもスイス時計の世界もそこから逃れることはできなかった。

しかもスイスの時計づくりの現場というのは、濃密なチームワークで行われる。ポツンポツンと時計の街に点在する各ブランドの工房は、それぞれが独立したひとつのコミュニティのような存在だ。

その工房のなかで机を並べ、カフェテリアで昼食をとる同僚たちは、よほど注意しても濃厚接触を免れない。感染は深刻な脅威だった。

一般的にスイス時計の世界は、伝統的に分業によって機能している。文字盤の専業メーカーや、針の専業メーカーの存在意義があるのだが、それらのサプライヤーの規模はそう大きいとは限らない。

そうしたなかで、ほかの業界と同様に、小さなクラスターが散発することへの危機感があった。部品の納入が止まれば、ブランドの生産も滞る可能性がある。そのたびに生産ラインは一時閉鎖、または縮小することを余儀なくされるだろう。

このような状況下で、決して少なくない時計ブランドが英断を下した。クラスターによってもっと深刻な状況が起きる前に、工場を閉めてしまうということだ。つまりは、一時的に生産を全て中止したのである。

もちろん管理や営業の部門は、リモートで在宅作業が可能である。しかしながら時計師たちが、自宅でできることは限られている。それでも、感染を完全に防ぐことはできないにしても、クラスターを事前に鎮静化させようとしたわけだ。

しかもレイオフではなく、従業員の雇用を確保した上で、万全の態勢で生産を再開できるように備えたのである。

一般にスイスでの時計師の雇用の保障は手厚いといわれる。そして、順調にビジネスを進めている高級ブランドであればあるほど組織の体力が強く、内部留保が多い。そうした企業は、コロナに耐えることができた。

コロナ禍が始まって以来、「コスモグラフ デイトナ」に限らず、ロレックスのスポーツモデルは完全な品薄状態になっている。「デイトナマラソン」は本当に、あるべきでない「ロレックスマラソン」に姿を変えてしまったのである。

新型コロナウイルスは腕時計の世界全てに影響を及ぼし、それはロレックスも例外ではなかった。コロナで進行した現在のロレックスの品薄状態は、それが現在まで続き、治癒される気配がない。

コロナ禍、ロレックス社の事情

一般的にはあまり知られていないが、ロレックス社（Rolex SA）の株式は100％、創立者の名を冠したハンス・ウイルスドルフ財団が保有している。

株式会社（SA＝société anonyme）の体《てい》をとってはいるものの非上場であり、株主は財団だけである。すなわち一般的な株式会社のように、株主という名のステークホルダーの顔色を窺う必要がない。責任を負っている相手は顧客と社会、そして従業員なのである。

これは唯一ではないものの、極めて珍しい例だ。つまりロレックスは、生産を自分でコントロールできるブランドなのである。ロレックス以外の高級ブランドでも、数カ月ファクトリーを閉め、生産を止めてしまった例がある。それぐらいブランドの確立されたスイスの時計ブランドには、底知れない企業体力がある。

実際のところ、ロレックスがどれくらい生産をしているのかは諸説あり、定かではない。これは日本でも同様だが、非上場のため有価証券報告書などによる財務状況や先行投資の報告義務がないのである。

ただし新型コロナ禍でも、ロレックスは正常な広報活動を行い、スポーツや文化の後援、慈善事業を止めていない。生産への翳は、あまり窺うことができない。何か影響があったのか、外からはわからないのである。

一方で、需要が伸びたことは間違いないだろう。

新型コロナ禍のもとで、人々は旅行に出かけるのを控え、車を買い替えるのを先延ばしにした。先行きが見えない株式投資から資産を引き上げもした。多くの可処分所得が行き先を見失うなかで、熱烈に新しい腕時計を求めたのである。

底を打った株式市場が反転したこと、貴金属の価格、とくに金価格が一時は1トロイオンスあたり、2000ドル超えにまで上昇したことと関連づけるのも、間違ってはいないかもしれない。確かに、高級腕時計は有形の価値をもつ動産として、確実なものにみえた。

人々は腕時計を我慢することをやめた

しかし、もっとロマンティックな方向にこの現象を考えることもできた。人々は「腕時計を我慢することをやめた」のである。つまりは、ロレックスに代表される「憧れの品」を、買おうかどうかをためらうのをやめ、迷わず購入するようになったということだ。

買えるのがいまだけなら、後悔はしたくないのである。腕時計ファン以外はピンとこないかもしれないが、腕時計はもう、時間を知るためだけのものではなく、人に見せびらかすものでもない。

「時間を知るためだったらスマホで十分」というのは、もはや高級腕時計を買うための口実であり、自分へのいい聞かせなのである。

時間を知るためならスマホで満たせるので、人々は必要のためではない嗜好、趣味、興味、ステイタス、感情、憧憬の表現されたものとして、腕時計を身に着けたいのだ。ロレックスはその代表であった。

そうした状況で、ロレックスの人気はさらに急沸騰した。購入制限モデルであろうとなかろうと、ロレックスのスポーツモデルが買いづらくなり、とうとう買えない状況になったのである。

購入制限を超えて、さらに深刻化したといってもいい。この状況にあって、腕時計ファンはいま、ちょっと立ち止まっている。

転売ヤーが腕時計に狙いを定めた

いま腕時計に限らず、いろんな世界で「転売ヤー」という非常に嫌な人種が横行している。自分で使うためではなく、買ってすぐにプレミアを付けて転売して、その利を稼ぐという、ものづくりに対して何の敬意も払わない輩のことだ。

そういうことをする人々は、いつの世にも現れては蔑まれていたのだけれど、それが腕時計界にも顕著に湧いて出てきた。投資ではなく投機の対象として、一部の腕時計に狙いを定めたのである。

腕時計の世界ではいま、彼らの挙動によっても、少なからず市場がかき乱されている。いままで述べてきたようなことは、何も日本だけの事情ではない。全世界的にロレックスは不足していて、そして買えない。

だから、ロレックスを買いに海外に出たり、スイスに行ったりすればいいのかと考えてみる。それが無駄とはいわないまでも、あてのある話ではない。何よりも日本よりむしろ過熱している国があるのだ。その代表格がアメリカである。

繰り返しになるが、現在の「コスモグラフ デイトナ」の人気はそもそもアメリカから始まったものだといっていい。

ポール・ニューマンは、アメリカで圧倒的な人気がある俳優であり、その後、政治活動家としても声望を高め、起業家で慈善家として羨望と尊敬を一身に集めた人物である。

アメリカ人にとってポール・ニューマンは、もはやひとつの偶像であり、彼が愛した腕時計ということで、「デイトナ」という偶像がまた成立した。

ポール・ニューマン自身の愛用品だからといって、20億円を超える価格で落札されることなど、アメリカでの人気なくしてはあり得ない話だろう。

バットマン、ペプシ、ルートビア

アメリカのロレックス好きが遺憾なく発揮されているのが「GMTマスター」（現「GMTマスターⅡ」）のカラーリングの話である。

ロレックスファンなら誰でも知っている話であるが、そうでない人に「バットマン」「ペプシ」「ルートビア」といって話が通じるだろうか？　これは全てロレックスの腕時計「GMTマスター」に付けられたニックネームである。

バットマンは黒と青のコンビのベゼルをもつモデルを指す。ペプシが赤と青のベゼル。そして茶色と黒がルートビアである。

バットマンはいうまでもなくアメリカンコミック発祥のヒーローの名前だが、そのコスチュームの色に由来する（映画やテレビシリーズだけしか知らないとピンとこないかもしれないが、アメリカで圧倒的な人気のアニメ版では、バットマンはダークな衣装に青のマントを羽織っている）。

そしてペプシも同様で、ペプシのロゴである青と赤のシンボルカラーが、ベゼルの色と重ね合わされて、その名前になった。ちなみに赤と黒だと「コーク」と呼ばれる。

ロレックスが一番好きなのはアメリカ人？

ここまではまだわかるだろうが、ルートビアはなんだろうか。ルートビアはアメリカでは非常にポピュラーな飲み物で、日本でも沖縄でだけは、アメリカ統治下で広まり、誰でも知っている飲み物だ。

ビアといってもお酒ではなく、清涼飲料水である。どちらかというと、日本人の好みにはなかなか合いにくいということなのか、沖縄を除く日本各地では、輸入食品店で缶を見かけるくらいで、それほど普及はしていない。

ただし、沖縄ではエンダー（A＆W）と呼ばれる非常に有名なハンバーガーチェーンで、飲み放題になってさえいるポピュラーな飲み物なので、知らない者はない。

よくも悪くも極めてアメリカを象徴する、アメリカ的な飲み物である。そのネーミングからわかるように、アメリカではロレックスは自分たちのブランドであるかのように捉えているのである。

日本のようにコカ・コーラが圧倒的に強い国で、ペプシというあだ名はなかなか付かないし、バットマンは、アメリカンヒーローである。ましてやルートビアに関しては知名度すら低い。つまりはロレックスに対して、アメリカ人は非常にシンパシーが強く、かつ愛着も強い。ロレックスを一番好きなのは、アメリカ人なのではないかという気もする。

そもそもアメリカは、一時は世界の時計産業をリードした国である。ウォルサム、ハミルトン、そしてブローバら。それらの名ブランドのほとんどは他国に移り、または他国の傘下に降っている。

バイ・アメリカン（buy american）という言葉があるように、アメリカ人はアメリカのものを一番と考え、そもそもアメリカの国産品を贔屓する傾向がある。

そのアメリカ人ですら、譲歩する舶来の品が腕時計であり、ロレックスである。なぜなら、アメリカにはもはや、それに代わる高級時計ブランドが存在しないからだ。

たとえアメリカ・メイドの腕時計「タイメックス」があるとしても、成功者はそれを着けるわけにもいかないだろう（例外はバイ・アメリカンを誇示する目的で、アメリカの政治家は人気取りのためにタイメックスを選ぶことがある）。

成功した人間はロレックスを着ける。これはある種アメリカ人にとっても納得がいくアイコンだ。それが車の場合であれば、ポルシェもメルセデスも、またはレクサスであったりしても、バイ・アメリカンの掟には背く。

しかしアメリカ製品でなくても、ポール・ニューマンが愛用し、ロバート・レッドフォードが身に着けたロレックスは認められてきたのである。

スイス時計が世界の一流品であるという見解は、アメリカでも同様である。そしてアメリカは、世界一が好きなのだ。こうしてロレックスは日本で手に入らないだけでなく、アメリカでも圧倒的な品不足が続いている。

中古でよくても、事情は変わらない

新品でなくてもいいからロレックスが欲しいと思っても、話はそう簡単ではない。なぜならロレックスは、新品を売っていない店の方が、価格が高いということすらあるからだ。

時計の世界を多少なりとも知っている人なら常識かもしれないが、これにはひとつ説明が必要であろう。ロレックスには正規販売店があり、定価で新品が売られている。これは至極あたり前のことだ。

ところが同じ新品が正規販売店でない店でプレミア付きの価格で販売されている。これもロレックス人気が生み出した、ひとつの不思議なねじれ現象である。

ロレックスは正規で買うよりも、正規でない店で買う方が高い。

なぜだろうか？　それはロレックスの一部モデルの深刻な品薄が生み出した現象だ。「デイトナ」や「サブマリーナー」らの希少モデルでの現象ではあるけれども、正規店ではいつになっても手に入らないと考えた人がいるとする。

そのモデルがもし正規店ではないところで売られていたらどうするか？　プレミア付きでも、それを買いたいと思う人間の心理に目をつけたビジネスが成立した。

さて、それらのモデルは正規店販売店にはないのに、なぜその店にはあるのだろうか？　ひとつは並行輸入といわれるからくりである。

一部のロレックスのモデルに関しては、日本では手に入らないけれども、海外で入手できるルートが存在したといわれる。それらの販売店から購入され、正規の輸入ではないのだけれども、持ち込まれたものがプレミア付きで販売された。

こうしたことは、ほかの腕時計にもいえるのだが、その場合はたいてい為替差益の問題で、海外で購入した方が安い場合に成立する。それらの腕時計は、日本の正規販売店より安く販売される。

しかしながら、ロレックスの場合は逆なのである。

ロレックスの場合は、とくにプレミアの付いた価格の相場というものができているので、もし海外で、日本の定価と同じような価格で、場合によっては旅費を上乗せしても、購入して転売すれば差益が出る。これがひとつの構造である。

「型落ちモデル」が安くならない理由

そしてもうひとつが、国内購入即転売の問題である。日本の正規店で、もし運よくロレックスの人気モデルが買えたとして、それをその足で新品をプレミア販売する店に持ち込めば、買い取りで何万円、何十万円といった利ざやが生まれるのである。

これが一部の悪質な転売ヤーが行っていることだ。

「ロレックスマラソン」を繰り返す人間のなかには、心からその腕時計を欲しがり、しかも正規店から買いたいと願う善良なファンがいることだろう。

だが、そこには確実に、転売だけが目的のプロランナーがいる。

その所業が非難され、それがために異常な購買行動に対する購入制限がかかったのである。ロレックスが買えない問題の奥底には、善良なロレックスファンが腕時計を買えなくなったという事情が横たわっている。

そもそも新品の市場ですらその状況が続いているだから、ユーズド（およそ1980年代以降）の市場でも同じようなことがいえる。

人気モデルに関していえば、現行モデルの中古だけでなく、ひとつ前のモデルでも価格は下がらない。ほかの消費財であれば「型落ちモデル」になるのだが、ロレックスの場合は必ずしも安くはならないのだ。場合によっては、プレミアが付いて売られているということも十分ありうるのが、ロレックスの事情である。

新品が手に入らないという状況が、新品に近いユーズドの相場を押し上げる。さらにモデルチェンジ前には、「もう手に入らなくなる」という心理で、最終モデルへの注目が盛り上がるのである。

アンティーク・ロレックスが市場を形成

ユーズドよりもっと旧型（1950年代~70年代ごろ）のモデルはどうか。

一般的に腕時計では、旧式のものをヴィンテージというういい方をするが、それほど古いものは存在しない。家具などでは「アンティーク」は100年以上前につくられたものを指すものだ。けれども腕時計ではそれほど古いものは、そもそもないのだ。

100年前といえば腕時計は存在していたもののまだ主流ではなく、1920年代は懐中時計の時代である。

そのようなわけで、腕時計はヴィンテージという呼び方が多いが、そのなかでもまだ実用に堪える50年代、60年代以降を指すことが多い。つまりは正確にいえば、現行のロレックスの各種モデルが誕生したのと、同じような時期に存在している。

そして、それらの「ヴィンテージ・ロレックス」モデルはいま、１９３０年代～40年代の「アンティーク・ロレックス」と一緒にカテゴライズされて、ひとつの勢力となっているのである。

バブルバックという言葉を聞いたことがあるだろうか？　ロレックスの一時期のドレスウォッチのモデルはバブルバック、つまり背中側が泡のように膨らんだような形状をしていた。それが「アンティーク・ロレックス」の花形だ。

それは初期の「オイスター パーペチュアル」つまり自動巻きモデルが、もともと手巻きの機械に、ローター（回転錘）を含む自動巻き機構を組み込んだことによる。

現代のように、時計機構と自動巻き機構が一体型ではないため、厚みは避けられない。そのための工夫だったのである。

その時代がかったアンティークで古風な佇まいがむしろ人気となって、ファッションアイテムとしての人気が盛り上がり、30年代～40年代モデルを中心とした「アンティーク・ロレックス」のマーケットを形成した。

一時期、日本には海外から買い集められたバブルバックが溢れていたものであるし、下火にはなったというものの、いまでも根強いバブルバック派が存在する。

一方、50年代以降に誕生したスポーツ系モデルに関しては、バブルバック人気と重なるような形で「ヴィンテージ・ロレックス」的な市場を形成した。それが比較的新しいモデルのユーズド市場に接続して、過去90年をひとまたぎにした「アンティーク・ヴィンテージ・ユーズド」ロレックスの系をつくっているのである。

現行品との違いがマニアックな魅力に

そもそものことをいえば「ヴィンテージやユーズドのスポーツウォッチ」は腕時計ファンにとっては鬼門である。なぜかというと、スポーツウォッチに求められる防塵性・防水性は、年代を遡るほど脆弱になる。

パッキンそのほかの部品交換が必要なのは当然としても、基本的な性能も異なっており、部品の供給が途絶えるリスクも背負わなければならない。

　一方で、アンティークからユーズドまでのオールド・ロレックスは、人気ゆえにそのリスクを軽減しているのである。オイスターケースのそもそもの堅牢性、防塵性、防水性の高さから、旧型のスポーツウォッチでも十分に実用に耐える。

　それらのモデルをリペアするための部品も技術も、サードパーティを含めて社会的に充実している。


　本当のことをいえば、スポーツウォッチに要求される実用性の高さから考えてみれば、「最新のロレックスが最高のロレックス」であることは間違いない。けれども、最新モデルならずとも、一定のパフォーマンスは期待できる。

　そして何より、スーパーロングセラーであるそれらのモデルと、現行品とのディテールの違いなどが、マニアックな魅力に感じられるということなのだ。

　現行品にはないような特徴的なモデルや文字盤、カラーリング、シルエットなど全てが、いまはもうみられない魅力として評価されるようになった。

　それが、まさに品薄で新品が買えないという状況の中で、比較的「手に入りやすいロレックス」という形で、新品の市場を補う役割を担ったといってもいいだろう。

いまは、ロレックスなら何でも欲しいという人たちがいる一方で、新品・並行輸入品、アンティーク、ヴィンテージ、それら全てをひっくるめて、ロレックスという価値の体系が生まれた。だからこそ、新品が買えないからユーズド、というように、話は簡単には終わらないのである。

では、いったい、どうしたらいいのか？

第3章

入手困難な人気モデル10本に、取って代わる腕時計を選んだ。

ロレックスは圧倒的に優れた腕時計である。
魅力的であり、美しく、そして資産価値も高い。
だからこそ品薄になり、手に入れにくい状況が続く。
ただ、ロレックスと同じくらい魅力的な腕時計はほかにもある。
小生だけでなく、世界の腕時計を見てきたジャーナリスト、
プレス関係者であれば、みんな同じことを言うだろう。
しかしながら、恋は盲目だ。
ロレックスへの想いを無下に否定するわけにもいかない。
かつて、腕時計は決してひとりで選ぶものではなかったし、

周りもそうはさせなかった。
親戚のおじさんや兄貴たちが、
いい腕時計とはどういうものかを教えてくれたのである。
格好いい魅力的な大人たちからのアドバイスの多くは、
見識と経験に富んでいたものであった。
では、ロレックスに恋焦がれている人や惹かれている人に、
小生はどのような提案ができるのだろうか。
まずはロレックスの人気スポーツモデル10種に対して、
魅力的な別ブランドのモデルを検討してみた。

ムーブメントでつながる、伝説のクロノグラフ2本

1

ロレックス人気モデル

コスモグラフ デイトナ

提案モデル

ゼニス ―クロノマスター オリジナル 1969

世界で一番人気のあるクロノグラフといえば、「コスモグラフ デイトナ」にとどめを刺すだろう。ファンやマニアが血眼になって探し回るこの腕時計は、やがて社会現象のひとつとして語られるようになり、腕時計に興味すらない一般人の欲望も刺激して今日に至る。

世間の興味は「『デイトナ』は、どこで、どうやったら買えるのか」に集中してしまっているが、別のアプローチもある。

「デイトナ」と同じくらい自分を満足させてくれるクロノグラフを手に入れればよいのではないか？　入手即転売を目論むブラックな人間以外には、当然のソリューションではないだろうか。

といっても「デイトナ」と真っ向から張り合えるクロノグラフを挙げよ、といわれたら、業界関係者であっても、一旦は答えに窮するだろう。その状況のなかで唯一、これだけはその資格があるブランドと、腕時計の一群がある。それはゼニスであり、同社自社製ムーブメント「エル・プリメロ」を搭載した自動巻きクロノグラフのラインアップである。

なぜゼニス、なぜ「エル・プリメロ」なのか。実際、「デイトナ」の信奉者は決してエル・プリメロを否定できない。なぜかといえば、ゼニスの「エル・プリメロ」搭載モデルは「デイトナ」と同じルーツをもつからだ。

「デイトナ」は１９６３年に初代モデルが誕生し、現行品は第6世代と呼ばれている。この世代の分類は主にムーブメントの変更によるもので、１９８０年代後半の第3世代までは手巻き。１９８８年、第4世代からは自動巻きになった。

これらのジェネレーションは品番で識別・呼称するのが時計業界での慣習で、ステンレススティール・モデルの第4世代は「１６５２０」である。そしてそのときに搭載したムーブメント「Ｃａｌ．４０３０」というのは、ゼニス社から調達した「エル・プリメロ」をベースにしたものだ。正式発表されたわけではないが、公然たる事実である。

ロレックス

コスモグラフ デイトナ

世界中のファンが恋焦がれる、
機械式クロノグラフの雄

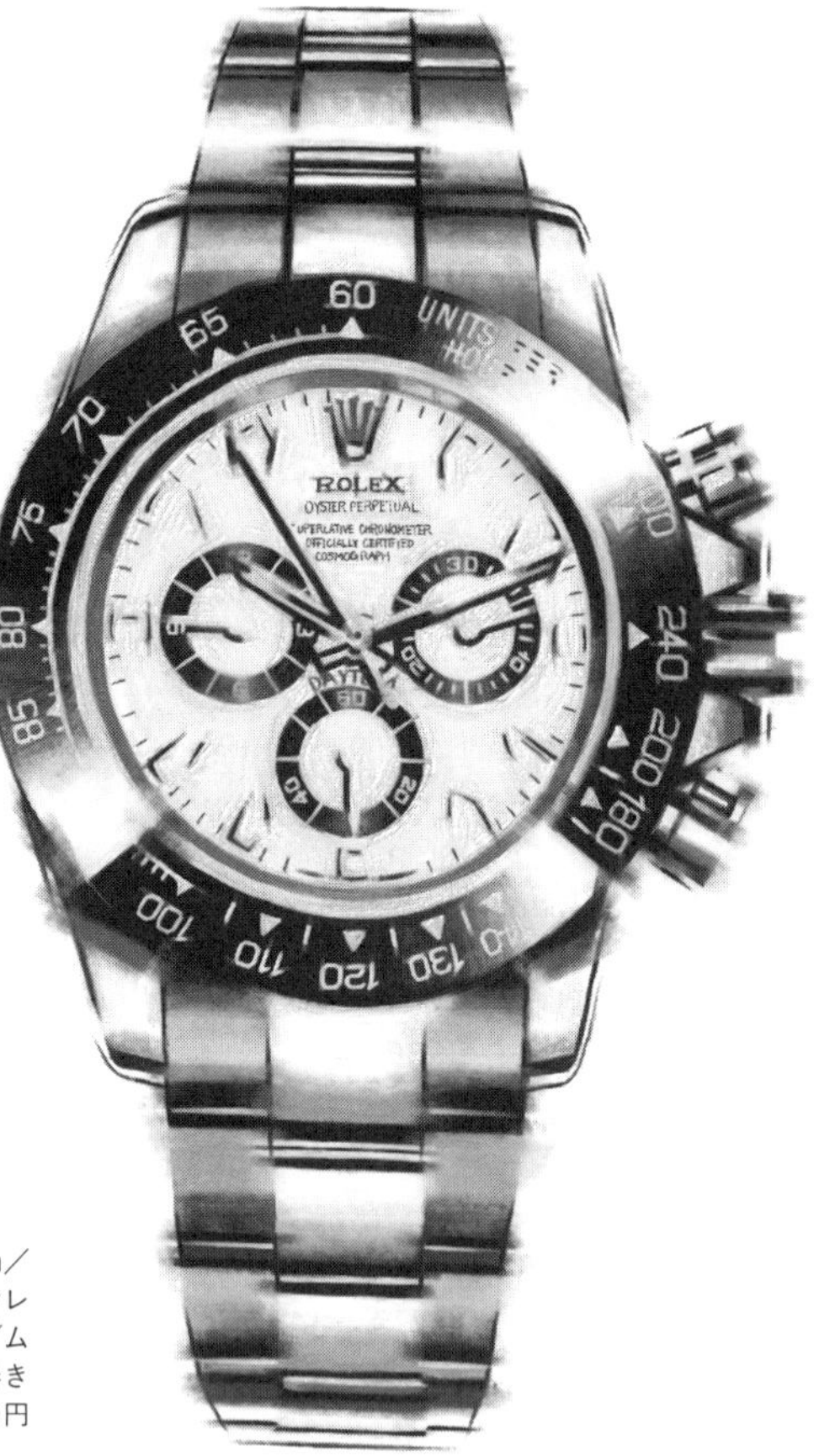

ケースサイズ:40㎜／ケース素材:ステンレススティールほか／ムーブメント:自動巻き／価格:175万7800円～

ゼニス

クロノマスター オリジナル 1969

かつてデイトナが採用していた、「エル・プリメロ」搭載モデル

ケースサイズ:38㎜／ケース素材:ステンレススティールほか／ムーブメント:自動巻き／価格:103万4000円〜

一般にこの当時のスイス時計業界では、ベースムーブメントを専業メーカーから調達することが普通のことであったし、それは現在も変わらない。ムーブメントに付加価値を付けるために、特別な機能をもったモジュールを専門の工房に発注することは、いまでも通常の慣行だ。スイス時計業界は高度な分業システムが発達しているからこそ、高い品質を国レベルで保ってきていたのである。ロレックスは「デイトナ」を自動巻きにする以前も、手巻きのベースムーブメントをヴァルジュー社から調達していた。

大胆に手を入れた「エル・プリメロ」を搭載

ただしロレックスでは、そのベースムーブメントをそのまま載せていたわけではなく、手巻きでも自動巻きでも、徹底した改造を施しているのである。とくにこの「エル・プリメロ」に関しては、200カ所を変更したといわれており、ある種の魔改造と呼んでもいいかもしれない。

カレンダー機能は廃され、何より「エル・プリメロ」は、秒あたり10振動の高速クロノグラフ・ムーブメントであることが最高の売りであったのだが、その振動数すら変更した。

安定性・耐久性を重視し、振動数を8振動に下げたのである。こうした変更の結果、精度は向上し「デイトナ」はクロノメーター認定を受けている。

しかしながら、そのベースが「エル・プリメロ」であったという事実は動かない。この件については、ロレックスからもゼニスからも特別なステートメントは出ていないが、お互いにメリットがあったことはいうまでもない。ロレックスは自社製クロノグラフ・ムーブメント開発までの12年間で、自動巻きクロノグラフのトップを確定させた。そしてゼニスは、そのベースムーブメントの製作者としての評価も保持したことになる。

そもそも1969年1月の発表以来、オリジナルの「エル・プリメロ」が無敵の高速ムーブメントとして、クロノグラフ界に君臨しているのは周知の事実だ。秒あたり10振動ということは、潜在的パフォーマンスとして10分の1秒が計測可能であるということだ。ロレックスが8振動を選択したことで、ゼニスでは10振動のオリジナリティをそのときも独占したのである（ちなみに「コスモグラフ　デイトナ」が現在、搭載するロレックス自社製ムーブメントも8振動である）。

そして、両者は共存共栄した。自動巻きへのアップデートを果たした「デイトナ」は、機械式クロノグラフでナンバーワンの人気を盤石にしたのである。

モデルチェンジが行われたのは、機械式対クォーツの対立関係がまだ予断を許さなかった頃だ。機械式ムーブメントの再評価は始まっていたものの、機能と価格の面から考えたら、クォーツは理性的な選択でもあった。そんな時代に、「デイトナ」はあえて自動巻き化に踏み切った。

機械式腕時計の復権は、科学史上の不思議ともいえる現象である。クォーツは機械式を駆逐するクォンタムジャンプを果たすのが必然であると、一般的にはみられていたといってもいいだろう。

それは蒸気機関車が電気に、アナログレコードがCDに取って代わられたのと同様に、不可逆の〝進化〟なのであるとみえたのであるが、実際はそうはならなかったことが、クォーツ誕生から50年以上を経た現在、明らかである。

機械式腕時計は人々の支持を受け、ステイタスもクォーツの上位に位置している。科学的理性を上回る情念のようなものが、常識を変えたといってもいいだろう。

不思議な機械式の人気復活のきっかけとなった腕時計が、いくつか話題に上ることがあるが、「デイトナ」もそのひとつに挙げていいのは間違いない。「デイトナ」は一度もクォーツを搭載したことがない。

「エル・プリメロ」はそれ以上に、機械式腕時計の復権に貢献したと断言して間違いないだろう。実は「エル・プリメロ」自体も、現在の栄光と真反対の暗黒時代を経験している。発表直後から始まったクォーツ・ショックの嵐が、その栄光を飲み込んだのである。

廃棄を命じられた工作機械を屋根裏に隠した

伝統あるゼニス社は、クォーツ・ショックにより経営の実権を外部資本である米国の電機メーカーに握られた。効率的に利益を追求することを企図した新しい経営陣は、経営資源の集中のため「エル・プリメロ」の製造を永久に止める決断をし、現場に指示を出した。

しかし現場の技術者のひとりは、廃棄を命じられた工作機械の一式を、こっそりと工房の屋根裏に隠したのである。この時計職人シャルル・ベルモの物語は、コアな腕時計ファンなら何度も聞いたことがあるだろう。

暗転した「エル・プリメロ」の運命に光芒が射すのは1980年代のことである。ゼニスは1978年にスイス資本下に復帰した。機械式腕時計の歴史が再び動き始めようとしたとき、最新鋭のまま眠りに入った高速ムーブメントは覚醒した。

スイスの名門マニュファクチュールの名品は正しく世界一の評価を獲得し、ほかの時計メーカーからも熱望されるようになる。ロレックスが「デイトナ」への搭載のために「エル・プリメロ」を選んだのは、まさに運命的であったかもしれない。「デイトナ」は成功した。そしてロレックスに選ばれた「エル・プリメロ」もまた、完全な復権を果たし、ゼニスの地位も揺るがないものになり、現在に至る。

一方、「デイトナ」は「エル・プリメロ」の搭載をやめ、完全自社製の自動巻きクロノグラフ・ムーブメントである「Cal．4130」搭載の第5世代「116520」に切り替わった。第5世代は2016年まで続くロングセラーとなったのち、事実上の次世代である「116500LN」に移行した。

このときムーブメントは変更されず、それまでも連続して続けられてきたモディファイの総決算ともいうべき、外観の変更が行われている。

最大の変更はすでにゴールドモデルでのみ用いられていたセラクロム（セラミック）ベゼルの採用と、それに伴ってベゼルの色がブラックになったことだ。品番に添えられた「LN」とは「リュネット・ノワール」、フランス語で黒いベゼルを意味する。もはや「エル・プリメロ」の面影はなく、昔を知らない若い層も増えている。

「エル・プリメロ」はムーブメントの名前であり、ゼニスでのモデル名は「デファイ」「クロノマスター」「パイロット」などさまざまだ。しかし「エル・プリメロ」搭載モデルであるかどうかに腕時計ファンがこだわるのは、ずっと変わらない。

「デイトナ」との比較選択を考えるのであれば、そのなかでも「クロノマスター オリジナル　1969」はうってつけだろう。名前が示す通り「エル・プリメロ」誕生年を振り返るモデルである。ケース径は38ミリに抑え、シルエットも往時を想い起こさせる。

自動巻きクロノグラフは、スイスだけでなく世界の時計業界の悲願だった。「デイトナ」が自動巻きを選択する19年も前に、「エル・プリメロ」の伝説が始まっていたことは厳然たる事実なのである。

シンプルで目立ちすぎない佇まいが人気を呼ぶ

2

ロレックス人気モデル　エクスプローラー

提案モデル　ショパール　アルパイン イーグル

ロレックス好きのなかでも「エクスプローラー」だけが好きという層は、いつの時代でも存在している。とくに日本人に多いという推測も、あながち間違ってはいないだろう。デザイン的な押し出しがほどよく抑制されていることや、機能を絞り込んだ3針モデルであること、その一方で性能は抜群というところが、おそらくは刺さってくる。

「羊の皮を被った狼」的なキャラクターをもつ渋好みは、腕時計でなくても大人の美意識にかなうのだ。ものの値打ちがわかる人間が自信をもって選択する、通好みの腕時計である。タレントの木村拓哉さんが愛用していることで知られているが、持ち主の派手な存在感とのギャップに、むしろクールな魅力を感じた人も多いのではないか。
ブランドの圧倒的な知名度とステイタス、それでいて目立ちすぎない佇まい、絶対の信頼を裏切らない完成度。ライバルはこの条件をクリアしていなければならないことになる。

その意味で注目したいのが、ショパールの「アルパイン イーグル」だ。冒険や探検を想定した、本来は質実剛健なハイレベルの実用腕時計なのであるが、タウンユースでも圧倒的な人気を得た。
そんな両義性やアウトドアに連れ出すのに最適なタフネスの一方で、華やかさもある。3針モデルでは36ミリの同サイズでの比較や、さらに41ミリも選択が可能なことを考慮すれば、「アルパイン イーグル」は同じ舞台での選択の好敵手に相応しい。ある意味でキャラクターが際立った腕時計である。

ブランドの知名度ということでいえば、ロレックスが腕時計の世界をほぼフルカバーといってもいいだろう。対するショパールは宝飾と腕時計の両方にまたがって、絶対的ともいえる存在感があり、一歩も退かない。

ロレックス

エクスプローラー

探検家・登山家から支持される、機能を絞り込んだ3針モデル

ケースサイズ：36mm／ケース素材：ステンレススティールほか／ムーブメント：自動巻き／価格：86万200円～

ショパール

アルパイン イーグル

タフネスと華やかさが両立する、端正でピュアなデザイン

ケースサイズ:36㎜ほか／ケース素材:ステンレススティールほか／ムーブメント:自動巻き／価格:135万3000円～

そもそもショパールは女性向けのジュエリーウォッチの手練れであり、一方で男性向けに硬骨のマニュファクチュールの顔をもつ。地味で派手、スポーティでエレガントといった二律背反を見事に昇華してしまう。そこがショパールというブランドの不思議な魅力であり、ショパールのつくる腕時計には定評があるのだ。

「アルパイン イーグル」には、そうした特別なバックグラウンドが生きている。文字盤まで全面にダイヤモンドを敷き詰めたゴールドモデルがある一方で、ステンレススティールの3針モデルがある。サイズも44ミリ、41ミリ、36ミリ、33ミリの4種類が揃う。ゴールドとのコンビモデルもあり、「エクスプローラー」と比較対照する相手は揃っている。「アルパイン イーグル」と一緒に実物をまだ見比べる機会はなかったかもしれないが、明らかに好敵手だ。

「アルパイン イーグル」には、ある種ショパールの殻を破ったモデルがルーツにあった。それは現・共同社長のカール-フリードリッヒ・ショイフレによる、1980年のクリエイションである腕時計「サンモリッツ」だ。

ジュエラーとしての矜持から、ゴールドの腕時計しかつくってこなかったショパールにとって初のスティール製腕時計。それは、70年代後半から始まりつつあったスティール製の高級スポーツウォッチのトレンドを確実にキャッチアップしていた。

ファミリービジネスの2代目であるカール－フリードリッヒ・ショイフレにとっては、最初の成功体験でもあった。

大自然への敬意をデザインに込めた

「アルパイン イーグル」は「サンモリッツ」を、現代的な解釈したモデルといっていい。プロジェクトにはショイフレ家の3代目が深くコミットしており、いわばファミリーのDNAの所産である。ネーミングが物語るように、アルプスへの情熱とイーグルの力強さを、腕時計に込めた。

立体的なサイドのオーバーハングを備えた、しかし端正でピュアなラウンド型ケース。8本のスクリューを装備したベゼル、色合いを吟味した文字盤のテクスチャー、鷲の羽の形状にインスパイアされた秒針のフォルムなど、大自然への敬意がデザインで巧みに表現されている。

リューズのトップに刻まれたコンパスローズは、そのアルプスに向かう道筋を示す象徴的なモチーフにみえる。

ショパールは、全工程を自社内で行うことができるマニュファクチュールである。そのために、妥協することなく理想の性能も造形も追求することが可能になる。さらには家族経営のため、効率性の美名のもとに良案が葬られることもない。

「アルパイン イーグル」のマテリアルとして用いられているステンレススティールは、〝ルーセント スティール A223〟という、極めて丈夫で光を反射する特殊な素材だ。抗アレルギー性を備えた、サージカルスティールに匹敵する品質で、肌への優しさにもこだわっている。

コンビモデルで採用されているゴールドは〝エシカルゴールド〟のみ。これはショパールが全てのウォッチとジュエリーの製造に用いることを不動のプロトコルとして定めた「責任をもって採掘されたゴールド」である。

具体的には児童労働禁止を含む労働環境、社会発展、環境保護が採掘の過程において保証されているか、適格なリサイクル可能供給源からの原料であることを審査・確認したリサイクルゴールドなどの「適格素材」しか採用しない。

誰かの犠牲や、環境への負荷を前提とすることのないラグジュアリーはショパールの掟であり、ブランドを支持するファンたちとの約束ごとだ。そうしたマテリアルでつくる「アルパイン イーグル」に搭載されているのは、スイス公式クロノメーター検定局（COSC）認定の自社製ムーブメント。これも自社の工房内で一貫生産されたものである。

ここで、ロレックスの話に立ち戻ってみる。振り返れば、防水性・防塵性や耐久性に優れたロレックスは、多くの探検家・冒険家のギアとして使われてきた。「エクスプローラー」はその象徴的なモデルだ。

第1章でも触れたが、1953年、ヒラリー卿とシェルパのテンジン・ノルゲイのエベレスト初登頂に携行されたのは、ロレックスの「オイスター パーペチュアル」である。同じ年に、数々の登山家たちの過酷な自然環境下での活動の経験をフィードバックした最初の「エクスプローラー」が開発された。

その後も、ボディの強靭化やダイヤルのみやすさの向上といったモディファイを経て、現在の形に進化してきている。ダイヤル上でまず目を惹くのは、極端に大きい3、6、9のアラビア数字だろう。

バー型やクサビ型のアワーマーカー、針もくっきりと大きく、真白い部分には暗闇では青い光を放つ、長時間継続の蓄光塗料クロマライトが仕込まれている。視認性が高いというようなレベルではなく、思考力も意識レベルも低下するような酸素の薄い高地での環境下でも、確実に時刻を読みとらせる腕時計である。

そうした高い実用性の一方で、ゴールドとステンレススティールのコンビモデルがラインアップされていることも見逃せない。

36ミリ径に回帰したエクスプローラー

なお2021年、ダウンサイジングのブームを象徴するかのように、従来のモデルから3ミリ切り詰め、「エクスプローラー」は36ミリ径に移行し、このクラスのヒーローに躍り出た。印象がまったく異なってみえるが、これがそもそものオリジナルサイズである。41ミリと36ミリの2サイズ展開で２０１９年10月にデビューした「アルパイン イーグル」は、36ミリの手強い相手を迎え撃つ格好になったといえるかもしれない。

しかし、ジェンダーレスではありながら、レディスのユーザーも強く意識されていたショパールの〝スモールサイズ〟を、メンズウォッチとして再認識させる好機になったと考えることもできる。

そもそも「アルパイン イーグル」は、自然からインスパイアを受けた腕時計だ。アルプスのベルニナ山群に由来する、ベルニナグレーの文字盤にある放射状の仕上げは、眼球の虹彩、秒針のカウンターは矢羽根と、鷲のシンボリックな形象を想わせる。

大自然のなかで大型の鷲＝イーグルは、空の食物連鎖の最上位にあり、山空の王者である。「エクスプローラー」を相手に、不足なし。誇らしい猛禽の名前を授かった腕時計には、つくり手の強い想いが込められている。

24時間針&目盛りが際立つ、タフで精悍な腕時計

3

ロレックス人気モデル

エクスプローラーⅡ

提案モデル

ブライトリング

アベンジャーⅡGMT

1971年に誕生した「エクスプローラーⅡ」は「エクスプローラー」の後継モデルだ。現在でも2つのモデルは併売されているが、その性格は名前以外、大きく異なっている。その特徴的な違いは、「エクスプローラーⅡ」には日付表示と24時間針、24時間目盛り付き固定ベゼルが装備されていることだ。

冒険者の腕時計という観点からみると、この新装備には大きな意味がある。時刻表示と24時間針を同調させておけば、たとえば同じ5時でも、それが午前なのか午後なのかが一瞬で理解できるということである。

これは太陽の光が差し込まない洞窟などでの研究や冒険で、極めて実用的な機能だった。さらには太陽が上がり放しの白夜と、闇が支配する極夜が、時と場所によっては数カ月続く北極圏・南極圏の冒険では、とくに重要だ。同様に、単調な前進を繰り返す極点行で経過日数の感覚を失わないために、日付表示は貢献するのである。

その「エクスプローラーⅡ」に対抗しうる腕時計はどこにあるのか。頑丈なケースとタフなスペックをもち、日付と24時間針・24時間目盛りを装備した、極地の冒険にも帯同可能な腕時計。これだけ条件を並べても、ブライトリングの「アベンジャーⅡ ＧＭＴ」は確実にリストに残る存在だ。

ねじ込み式の大ぶりなリューズを備えており、スパルタンな３００メートルの防水性能を誇っている。

せり出したリューズガード、径の太いプッシュピースとあわせ、男性的で無骨な造形の魅力をみせながら、滑り止めのスリットを随所に施すなど、操作性のためのディテールの工夫が潜む。しかも実際に日本を代表する極地探検家の装備として、実際に冒険に携行された腕時計なのである。

ロレックス

エクスプローラーII

同じエクスプローラーでも、
24時間針を装備する多機能モデル

ケースサイズ:42㎜／ケース素材:ステンレススティール／ムーブメント:自動巻き／価格:114万7300円

ブライトリング

アベンジャーⅡGMT

ブライトリングらしさが光る、「ライダータブ」を備えたベゼル

ケースサイズ：43㎜／ケース素材：ステンレススティール／ムーブメント：自動巻き／価格：55万円〜

北極冒険家の荻田泰永さんも愛用する

２０００年より２０１９年までの20年間に16回の北極行を経験し、「北極冒険家」として世界的に知られる荻《おぎ》田《た》泰永《やすなが》さんは、冒険に帯同する腕時計として「アベンジャーⅡＧＭＴ」を選んでいる。

実際に役立つのか。かつて取材したときに荻田さんは

「ＧＭＴ機能は、極地では非常に便利です。白夜ならば、太陽が沈まない。昼夜の区別がつきにくい環境下で、ＧＭＴの24時間針は、的確に時間を把握しやすいのです。また、冒険の際にはスタート地点への物資の移動などで、飛行機をチャーターします。そうした場合にもパイロットとのやり取りはＵＴＣ（＝ＧＭＴ）で時刻を確認するものなのです」

と語っていた。

24時間目盛りを刻んだベゼルは、固定ではなく両方向回転式である。そのため、たとえばメインの時刻表示とシンクロさせた24時間針に合わせて、ベゼルを任意の地点の現在時刻に合わせれば、針を動かすことなく瞬時にデュアルタイム表示に移行する。

そもそも熱狂的で知られるブライトリングのファンのなかでも、「アベンジャー Ⅱ」シリーズはコアな人気を誇る。その理由は「ブライトリングらしさ」の強さが色濃く反映されているコレクションであるからだ。

ベゼル上の特徴的な「ライダータブ」は、そもそもフラッグシップモデルの「クロノマット」の特徴という性格が強かったディテールだが、それがレギュラーモデルから廃された後、「アベンジャー Ⅱ」の一族にのみ遺されている。

現在の「アベンジャー Ⅱ」につながるシリーズのルーツは、２０００年にまで遡る。当初はいちモデルの「クロノアベンジャー」として、いまはない「クロノエアロマリーン」のシリーズに加えられたものだ。

最初は看板モデル「クロノマット」に通じる相貌をもちながら、45ミリの大きなサイズを与えられ、重厚感を隠そうともしない腕時計として登場した。

ブライトリングのデザインを手がけていた名デザイナーである、エディ・ショッフェルが全てを担当し、強烈な個性をもたせた自信作だ。ケース素材はチタンが選ばれ、ビッグサイズで無骨なデザインながら軽量で使いやすい腕時計は、とくに日本市場では隠れた人気モデルであった。

事情が変わったのは2008年に、ブライトリングから自社製クロノグラフ・ムーブメント搭載モデル「クロノマット01」が登場し、「クロノマット」のデザインが変更されてからのことだ。ブライトリングの代名詞的、象徴的なディテールとファンが認識していた「ライダータブ」を残す「アベンジャー」のデザインに、俄然スポットライトがあたった。

また、自社製ムーブメントを搭載した「クロノマット01」を筆頭にプライスレンジが再編成されたなかで、ミディアムプライスの「アベンジャー」には手の届く名品のオーラがあった。こうして45ミリの「アベンジャー」はさらに5年間、コストパフォーマンスに優れた人気モデルとしての地位を延長する。

一方、COSC（スイス公式・クロノメーター検査機構検定協会）から認定を受けた機械式ムーブメントを積みながら、価格は全ブライトリングのなかでも良心的なレンジを保つ。それでも仕上げはより高額のコレクション同様、一切の妥協を許さないのだ。

現在に続く新世代の「アベンジャーⅡ」が誕生したのは2013年のことだ。エクストリームな「スーパーアベンジャー」を例外として、全ラインアップが2ミリのサイズダウンを敢行し、43ミリ径となる。現代的なバランスを備えた新しいデザインのコレクションは、絶賛を浴びた。

振り返れば、「アベンジャーⅡ GMT」と「エクスプローラーⅡ」に共通する極限状態での実用性は、冒険家ではない人にとっても十分に有効なものだった。24時間針をグリニッジ時間やニューヨーク時間に合わせれば、GMT表示を備えたデイト付きビジネスウォッチとして、便利に機能する。

タフな外装と防水性能はデイリーにも活躍

タフな外装と防水性能も、365日のデイリーウォッチとして望ましい。冒険者の腕時計は、逆説的に都会の中でも無類の性能を生かすのだ。

「アベンジャーⅡ」でさらに注目すべき点は、艶やかなMOP＝マザー・オブ・パール文字盤を備えたモデルのバリエーションもラインアップされていることだ。

極限の世界で活躍する腕時計のイメージに極上のエレガンシーを与える、心を揺さぶる禁じ手である。ブライトリングはそれまで、一部の「クロノマット」とレディスモデルにしか、決してMOPを使わなかった。その禁断の、魅惑の封印を解いた。ごつごつとした触感の男性的な魅力をもつ「アベンジャーⅡ GMT」は、実はスーツにも極上に映えるモデルを擁している。


いうまでもなくブライトリングは、胸を張れる一流のスイスブランドだ。1884年、レオン・ブライトリングによりサン・ティミエに創業。当時は科学計測機器のメーカーでもあり、その能力を生かしたクロノグラフ進化の先駆者として時計業界に独自の地位を築いた。

技術力の高さはとくに航空機産業で信頼が篤く、1936年には英国空軍の公式サプライヤーに選定され、後にアメリカ軍への供給、世界の主要航空会社のコックピット・クロック製造の実績を積んだ。

1952年には、パイロットたちが操縦席で行う航法計算のための回転計算尺を組み込んだ腕時計「ナビタイマー」を生み、シリーズは誕生以来、現在に至る超ロングセラーとなっている。

1982年に開発されたイタリア空軍のアクロバット飛行チーム「フレッチェ・トリコローリ」の公式クロノグラフ「クロノマット」のシリーズも名高い。製造される腕時計の全量がCOSCによる精度テストをクリアしたクロノメーターという、超硬骨な技術のブランドでもある。

その名門の血脈を継承する「アベンジャー」。第2シリーズが始まると早々に、インポートウォッチ・オブ・ザ・イヤーのスポーツウォッチ部門でグランプリを受賞したほどで、腕時計のプロらによる客観的な評価も高い。「アベンジャーⅡ GMT」は、「エクスプローラーⅡ」と伍す、間違いのない選択である。

2色のベゼルで昼夜を分ける、GMTウォッチの白眉

4

ロレックス人気モデル　GMTマスターⅡ

提案モデル　グランドセイコー　GMTモデル

回転ベゼルを2色にして昼夜を分けるというコンセプトのGMTウォッチは、ほかにないわけではないのだが、なかなかうまくはいかない。

「GMTマスターⅡ」との距離感を保つのがおそらく難しいからだろう。似すぎてもいけないし、似せないようにすると無理が目立ってくる。その意味で、グランドセイコーのGMTのシリーズは、和魂洋才の成功作といえる。

ロレックスの現行「GMTマスターⅡ」には、セラミック製セラクロムベゼルインサートのカラーでいえば、ブルー／ブラック、ブラウン／ブラック、レッド／ブルー、グリー

ン／ブラックの４種類がある。
ダイヤルは銀白色に近いメテオライト（隕石）製の1モデルを除けば、全てがブラックダイヤルだ。視覚上のコードをぶらさないアイデンティティが確立した、アイコニックなコレクションである。

これに対してグランドセイコーには、黒／白、青／白のツートーンベゼルが存在する。ブラックダイヤルだが、限定モデルにはホワイトダイヤルがラインアップされている。そう種類は多くないので、ツートーンベゼルの全モデルを、「GMTマスターⅡ」の全モデルと一緒に比較検討してみるといいだろう。それぞれの個性が際立ってみえるに違いない。

いってみれば先駆者である「GMTマスターⅡ」は、1982年から続くシリーズだが、そもそもは1952年に発表された「GMTマスター」がオリジナルである。
初代はプロフェッショナルパイロット向けのナビゲーション機器として開発されたものだ。往時のパンアメリカン航空の公式ウォッチであり、パイロットのアイコンでもあった。機能とデザインが一致した永遠の名デザインは、24時間の数字目盛りを描き、かつ象徴的

ロレックス

GMTマスターII

ラグジュアリー度がアップした、
機能美を誇る名デザイン

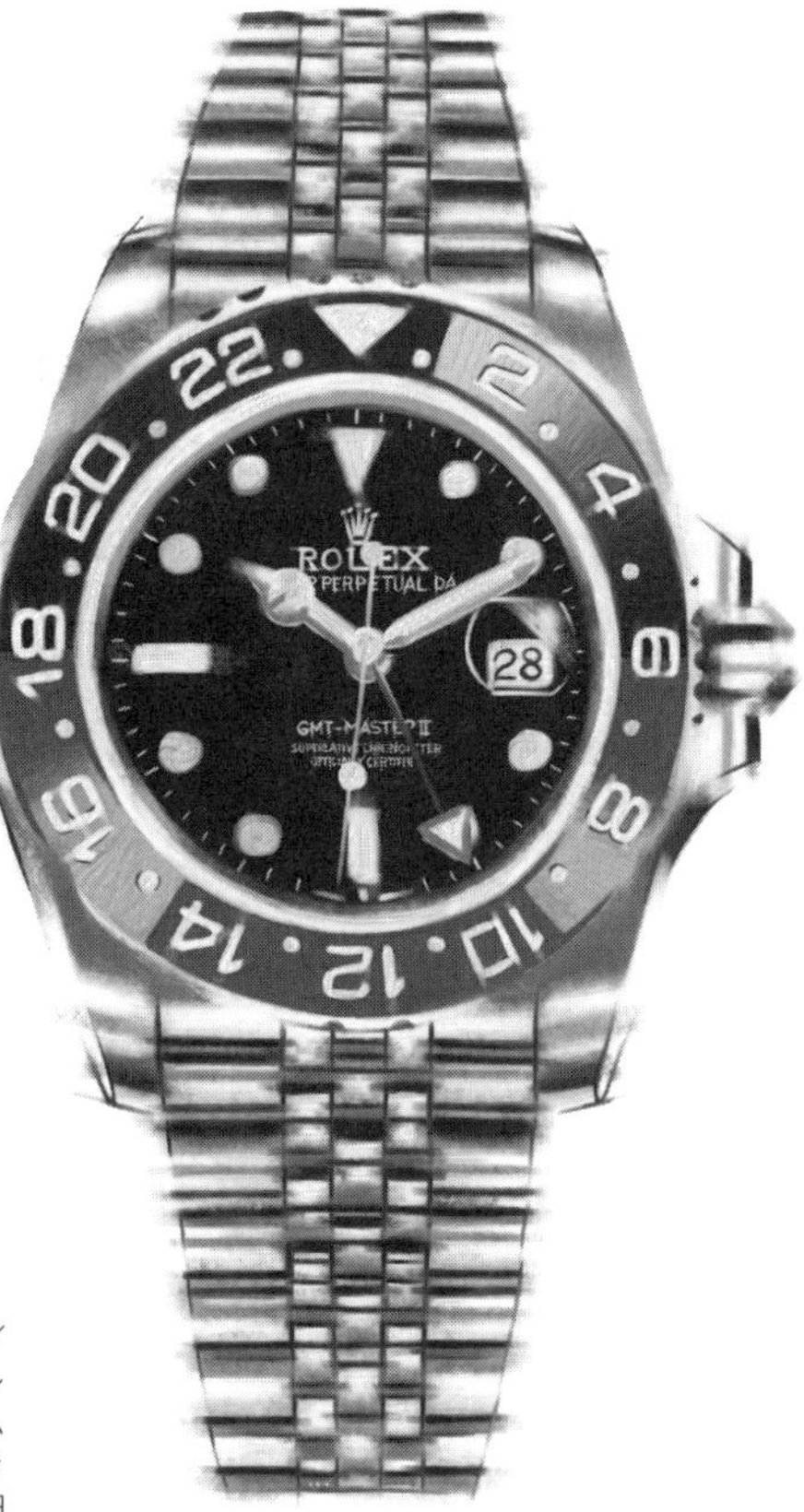

ケースサイズ:40㎜/ケース素材:ステンレススティールほか/ムーブメント:自動巻き/価格:127万1600円〜

グランドセイコー

SBGE277

クールで清冽な美意識を表現、
世界が認めた日本を代表する逸品

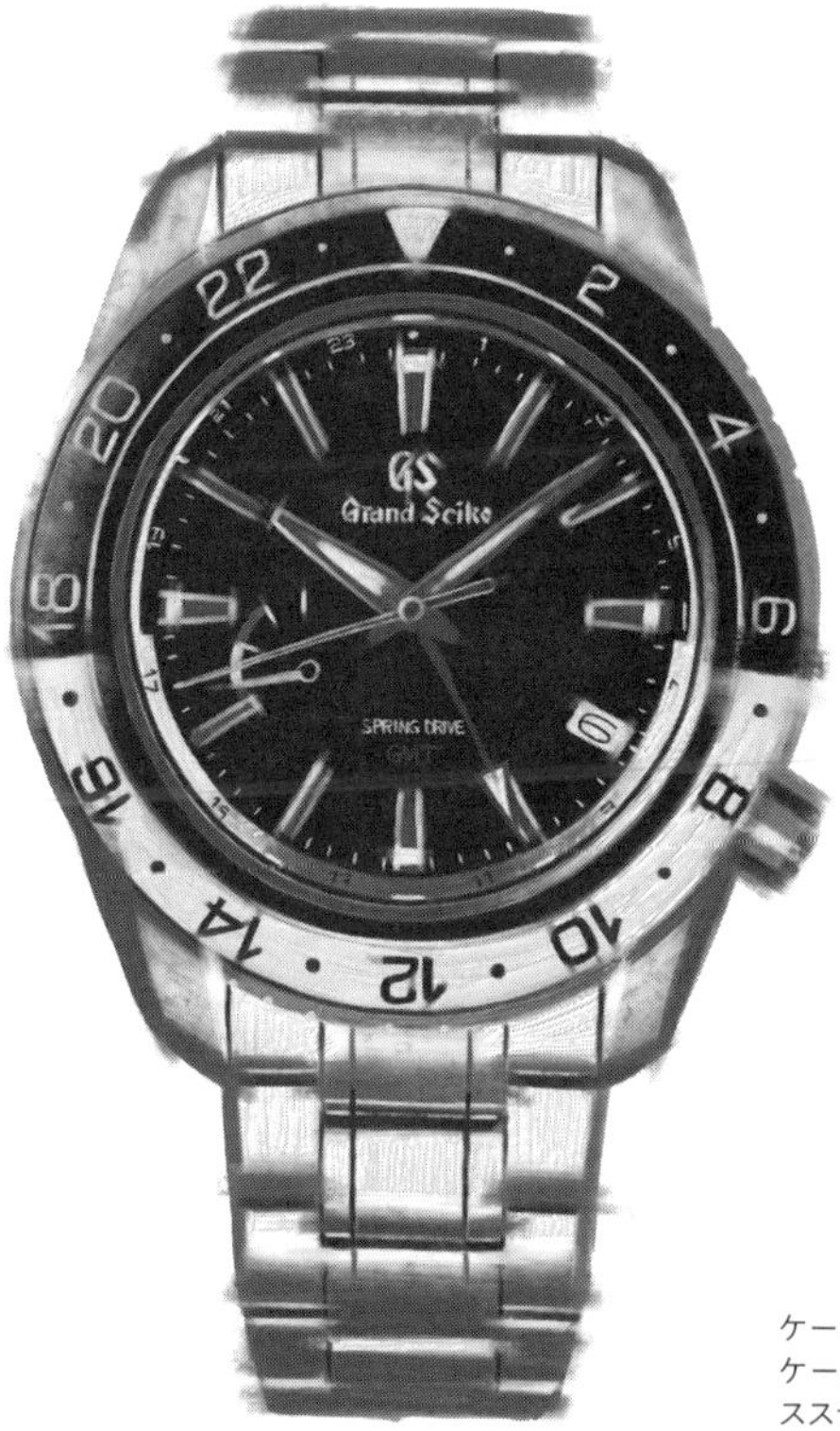

ケースサイズ：44㎜／ケース素材：ステンレススティール／ムーブメント：スプリングドライブ 自動巻き／価格：79万2000円

な2色でセクション分けされた両方向回転ベゼルである。

6時と18時で切り替わる、カラーセクションをもつベゼルを24時間針に合わせることで、第2時間帯がいま昼であるのか夜なのかが、一瞬で識別できる。パイロットでなくても、この秀逸なカラーリングには魅了される。

最新の両方向回転ベゼルには、セラクロムベゼルインサートが採用されている。セラクロムはロレックスが開発・製造する極めて硬いセラミックからつくられたもので、耐傷性と耐蝕性に優れ、経年による色褪せにも耐える。

2022年の新作はまさかの左側リューズ

ソリッドなオイスターブレスレットだけでなく、ラグジュアリーな趣のステンレススティール製5連ジュビリーブレスレットが2018年からラインアップされると、人気はさらに加速した。

さらに、この年からブラックとブラウンのベゼルのモデルではエバーローズゴールドの無垢と同時に、ステンレススティールとのコンビモデルが登場してもいる。2022年のグリーン／ブラックのベゼルの新作は、まさかの左側リューズ。どんな新作もサプライズな話題を提供する、ロレックスの秘蔵っ子だ。

これに対して一歩も譲らないGMTを擁するグランドセイコーは、そもそもセイコーの別格的な存在であり、事実上、独立したブランドとして扱われる。

ブランドの初代モデルが誕生した１９６０年は、日本人の海外旅行が自由化、つまり観光で海外に行けるようになった１９６４年より前のことだ。国産高級腕時計は、遠いスイスを見据え、追いつき追い越すことを念願した。

その品はスイスのクロノメーター規格をベンチマークとした独自の「ＧＳ規格」に基づいて製造されており、一般のセイコー製品とは異なる高級品としてみなされていた。

さらに規格を厳格化していった１９６０年代末、精度の面で世界最高レベルの機械式腕時計シリーズとなる。しかし、セイコー自身が開発したクォーツ技術が急速に普及したことで、一度は生産を中止した。

それでもグランドセイコーは１９８８年、高級クォーツ腕時計として再登場し、１９９

8年に機械式を復活。2004年にはセイコー独自の技術であるスプリングドライブ版を加え、3方式を揃えているシリーズとなった。2017年には文字盤ロゴからも「SEIKO」の文字を外して「Grand Seiko」を掲げ、より独立性が強調されている。

ケースマテリアルはゴールド、プラチナ、ステンレススティール、チタンのどれであっても、セイコーの誇る〝ザラツ研磨〟が駆使され、デザインなどの製作工程に〝現代の名工〟が携わることも珍しくない。

性能の高さ、仕上げの美観ともに超ハイスペックでありながら、国際市場の中では極めて良心的な価格戦略を採っていることも特筆に値する。

そのグランドセイコーのなかでもGMTは、すでに世界が認めた逸品だ。

ツートーンベゼルではないデザインではあったが、2014年には権威あるジュネーブ時計グランプリ（GPHG）で、「グランドセイコー　メカニカルハイビート36000 GMT」が8000スイスフラン以下の時計を対象とする「ラ・プティット・エギュイーユ」部門賞を受賞している。

セイコーにとっては同グランプリの機械式では、初の栄冠だった。日本製の品質、誠実な価格とハイパフォーマンスを証明し、ジャパンメイドの代表であると同時に、ワールドクラスで通用する腕時計であることは明らかなのである。

いまでは、グランドセイコーはＧＰＨＧの常連となり、２０２１年と２０２２年には、連続受賞も果たしている。プレミアがついた日本製ウイスキーがオークションで高額落札され、米国の富裕層がレクサスに乗る時代の、日本発の名機。グランドセイコーは完全に、世界の高級腕時計ブランドなのだ。

サファイヤベゼルの硬質な透明感

現行デザインのＧＭＴでは、黒／白や青／白のベゼルの成功が明らかだ。ツートーンではあるが、片方を無彩色の白にしたことで、クールで清冽な印象に。

ベゼルのインサートも流行のセラミックではなく、サファイアを使っていることで、硬質な透明感がでている。また、色に深みを与えることにも成功した。この先も別のカラーが、白とのコンビで登場するのではないかと期待される。

スタイルにおいてもセイコーのスポーツウォッチ伝統の４時位置リューズが、そのオリジナリティを表明するところが小気味よい。この位置のベゼルは手首にあたらないことから、スポーツウォッチとしては非常に優秀なレイアウトである。

スポーツウォッチといいつつも、GMTモデルはビジネスのシーンでの使用が多く、また旅の時計＝トラベルウォッチとしての需要も高い。そういった意味で、あまりスポーツ色を強めずに、むしろフォーマルシーンでも使えるようなデザインを、グランドセイコーは志向したといってもいいだろう。

実はこの回転ベゼルをもつGMTウォッチには、2つだけではなく、3つ目のタイムゾーンを視認できるという技があることがよく知られている。つまりは回転ベゼルで2つ目のタイムゾーンに合わせたとしても、24時間針が示すダイヤルとの関係で、もうひとつの時刻がわかる。

このグランドセイコーのGMTでは、それをはっきりとした機能にするために、文字盤のフリンジに近いあたりに24時間表示を入れている。つまりは12時間表示のローカルタイム、回転ベゼルの目盛りが示すホームタイム、24時間表示でロンドン時間、といった3ゾーンを、正々堂々と表示できるのである。

また、GMTモデルにおいても、グランドセイコーでは3つのムーブメントの選択肢がある。機械式、スプリングドライブ、クォーツ。とくにお家芸のスプリングドライブモデルは、いうまでもなく、ほかのブランドでは選びようがないものだ。

ちなみにグランドセイコーのスプリングドライブは、「信州 時の匠工房」で熟練の職人による手作業でつくられている。穂高連峰に囲まれたこの環境で生まれたこのGMTには、黒文字盤に山肌を思わせるようなパターンが施されている。

グランドセイコーのGMTには、ロレックスに付けられた〝ペプシ〟や〝バットマン〟のような、アメリカンなペットネームは決して似合わない。雪の穂高に相応しい雅名を献上したくなる。

高耐磁性能で競うのは、ジュネーブ最古の時計メゾン

5

ロレックス人気モデル
ミルガウス

提案モデル
ヴァシュロン・コンスタンタン ―オーヴァーシーズ

「ミルガウス」は、ロレックスのなかでもちょっとした通好み、渋好みのモデルかもしれない。そもそも1956年に誕生し、根強い人気を得ながら長らく姿を消していたが、2007年に再登場した。

名前の由来はフランス語で千を意味する「ミル」と、磁束密度の単位である「ガウス」。つまりは1000ガウスの磁束密度にも影響を受けない高性能耐磁時計ということになる。

1950年代は、エンジニアリングの専門職らを中心にアンティマグネティック＝耐磁機器の強いニーズが生じていた。医療関係者、パイロット、意外なところでは潜水艦の乗

務員。強力な磁界が存在するところで機械式時計の部品が帯磁してしまうと、恐ろしいレベルで時刻表示が狂うのは、当時の常識であり、時計業界の脅威だった。

21世紀では、ＰＣやスマホのスピーカーに使われている磁石が、気がつかずに腕時計を脅かしてもいる。

「ミルガウス」は合金製磁気シールドによって、クロノメーター認定を受けた高精度ムーブメントを守り、心配を杞憂にする。さらに頑健なオイスターケースは、１００メートルの防水性能をこの腕時計に与えた。

ストイックなほどシンプルなシルエットだが、アクセントは稲妻型のオレンジ秒針だ。Z字フィギュアは、１９５０年代の初代モデル譲りである。

ロレックスのコーポレートカラーであるグリーンを、風防のサファイヤガラスに採用しており、文字盤はエレクトリックブルー。遠くからでも識別できるアイコニックさをもつ。

これに対して、耐磁性能だけに限って考えれば、「ミルガウス」の対抗馬になる腕時計はいくつか名前が挙がってくる。しかし、そのなかでも買えない「ミルガウス」の希少価

ロレックス

ミルガウス

ストイックなシルエットに、
稲妻型のオレンジ秒針が映える

ケースサイズ：40㎜／ケース素材：ステンレススティール／ムーブメント：自動巻き／価格：110万9900円

ヴァシュロン・コンスタンタン

オーヴァーシーズ オートマチック

ジュネーブ・シールを刻印した、美しいスポーツモデルという奇跡

ケースサイズ:41㎜／ケース素材:ステンレススティールほか／ムーブメント:自動巻き／価格:319万円〜

値と、そのアイコニックなデザイン性、さらにはブランドのステイタスに対抗することを考えたら、ヴァシュロン・コンスタンタンの「オーヴァーシーズ」を検討しないわけにはいかないだろう。

同じ3針のスティールモデルでも、定価は「ミルガウス」の3倍近くではある。しかし、ブランドにもコレクションにも、それだけのステイタスとプレミア性がある。

「腕時計の都」はどこかと問われれば、ジュネーブ以上の正解はないだろう。世界中の愛好家が注視し続ける、時計の聖地。ヴァシュロン・コンスタンタンは、そのジュネーブで250年以上の歴史を刻む、最古の時計ブランドである。

その伝統は創業以来、一度も途切れたことがなく、最高級腕時計のつくり手としての名声は18世紀から、すでに4世紀をまたぐ。まさに別格の存在なのである。

創業者ジャン=マルク・ヴァシュロンが1755年に設立した工房は息子、孫へと引き継がれた。3代目のジャック・バルテルミー・ヴァシュロンの時代に、イタリアとフランスへの輸出が始まり、高い評価は全ヨーロッパに拡がっていく。

ブランドの共同経営者として加わったフランソワ・コンスタンタンは、世界に誇れる時計を、相応しい身分の人間に紹介するために各国を廻った。当時の著名な顧客には、たとえば統一イタリア王国の初代国王の実父らの名が並ぶ。

１８３２年にニューヨークに事務所を設立、名声はすでに欧州を超え、社名は正式にヴァシュロン＆コンスタンタンとなった。

当時から、科学的な客観評価である精度で、ヴァシュロン＆コンスタンタンの時計が他を圧していたことは特筆すべきだろう。１８７２年、ジュネーブ天文台が開催した初のクロノメーター精度コンクールで受賞。この分野での絶対的な信頼は、現在まで変わらない。

ヴァシュロン・コンスタンタンというブランドが興味深いのは、クラスの高さと知名度が比例することだ。有名顧客としてムハンマド・アリー朝のエジプト国王ファード1世が知られているように、各国王族の求めに応じ、数多くの時計をつくってきた。

文字盤に掲げるマルタ十字のシンボルが商標登録されたのは、なんと１８８０年。１９５５年のジュネーブ平和会議で米ソ英仏４首脳への贈り物とされたことも、この超・老舗にはひとつのエピソードに過ぎない。

その腕時計のどこをみても、ディテールの隅々まで隙がないのは、ジュネーブ時計を代表する誇りがそれを要求するからだろう。

「オーヴァーシーズ」は、スイス時計3大ブランドの一角と称されるそのヴァシュロン・コンスタンタンでも、異色のスポーツウォッチといっていい。

ネーミング通りに国際的なアフェアを日常とする人間を想定したのだろう、タフネスとドレス感を兼ね備えた万能ウォッチ。スポーティだけではなく、スポーティかつエレガントである。

軟鉄製のケースでムーブメントを保護

事実、ブレスレットとアリゲーター革ストラップ、ラバーストラップが全て、一本の「オーヴァーシーズ」に付属してくる。しかも最近流行のインターチェンジャブルシステムの先駆者的な存在でもあり、工具もなしにワンタッチで交換できる。

つまりは1本の腕時計でビジネスウォッチ、ドレスウォッチ、150メートル防水のスポーツウォッチの3通りの使い方ができるのである。旅行に持っていくのには便利この上なく、持ち重りもしない。3本のステイタスフル・ウォッチを買ったと考えたら、この価格も高くは感じないだろう。

耐磁性能は2万5000A／mと公表されている。たとえば、JIS（日本工業規格）の定めた、これ以上がない耐磁2種規格が求める約1万6000A／mを楽々クリアしている。耐磁のシステムは耐磁構造をもつ軟鉄製のケースでムーブメントを保護するという、王道の手法である。

「オーヴァーシーズ」の初代モデルは1996年に誕生している。この年に経営権が変わると、世界最大の時計見本市バーゼルフェアへの出展を終了し、翌年からはジュネーブで開催されていた高級時計見本市「SIHH」に参加することになった。

ジュネーブを本拠地とする超大物ブランドの加入で活気づいた「SIHH」と軌を同じくするように成長した「オーヴァーシーズ」は、ヴァシュロン・コンスタンタンのベストセラー・ウォッチに育ち、現在に至る。

現在のモデルは2016年の大幅モデルチェンジを経た世代である。6つのフェイズをみせるデザインのベゼル、サテン仕上げの文字盤の仕上げも極上で、目の肥えた時計通も思わず唸るレベルだ。

たとえばブルー文字盤では、センター部分をサンバーストサテンに仕上げながら、ミニットトラックを切り替えてベルベットに。そして外周目盛りは、さらにマットにもう一度タッチを変えてみせる。手が込んでいて、質も高い。

世界最高峰のジュネーブ時計として認定

タフな防水性能ながらシースルーバックの仕様を採り、しかもゴールド製ローターには旅と冒険を象徴する風配図のモチーフが描かれるなど、裏側からの眺めも楽しませる。

しかもそこに覗くのは、ジュネーブ市の公的機関が伝統の仕上げによって制作された時計であることを証明する、〝ジュネーブ・シール〟取得の自社製ムーブメントなのである。

ジュネーブ・シールは1886年に始まる、生粋のジュネーブ製時計の品質基準である。部品の形状から仕上げの方法に至るまで12項目の厳格な基準を課して、あらゆる面で誇れる世界最高峰のジュネーブ時計を認定する。

認定されたムーブメントは、祝福の印にジュネーブ市の紋章をムーブメントに刻印することが許可される。公的に認められた、別格の時計である証なのだ。

そして、ヴァシュロン・コンスタンタンは、125年続くジュネーブ・シールの基準を満たす時計をつくり続けているのである。均整のとれた構成と隙のない仕上げの施された美しい機械は、どんな腕時計の目利きでも感嘆せずにはいられない。

一方、スポーツウォッチで〝ジュネーブ・シール〟をもっているのは、それだけでも特別にレアな存在だといっていい。真似のできない歴史と伝統を誇るジュネーブの超高級ブランドがつくる、ジュネーブ・シール取得の優れた耐磁性能をもつスポーツウォッチ。その存在は、どこにも隙がみえないのである。

ダイバーズ・ウォッチの名作は、決して古くならない

6

ロレックス人気モデル
サブマリーナー ノンデイト

提案モデル
ジャガー・ルクルト

ポラリス・マリナー・メモボックス

1953年のデビュー以来、あらゆるダイバーズ・ウォッチのベンチマーク、いってみればお手本とでもいえる名品が「オイスター パーペチュアル サブマリーナー」だ。いまでは当然のアイコンである回転ベゼルを備え、外見ではわからないが、当時としては圧倒的な100メートルまでの防水性能を保証した性能は、その後のダイバーズ・ウォッチの在り方を決定した。

70周年を迎えようとしても、不変の基本スタイルにはまったく古さがなく、追随者も減ることがない超ロングセラーである。プロユースを想定したこの腕時計が街に出たことは、ロレックスにとっても意外であったかもしれない。圧倒的な防水性能をもつタフな腕時計

は、絶対的なオールラウンドウォッチとして、スーツにも合わせられることに、世界のドレスコードを変更してしまったのである。

しかもその見本となったのが、名優ショーン・コネリーが演じた最初の「007」であることがまた、男たちの憧憬を制御不能なほどに駆り立てた。秘密諜報部員であると同時に海軍中佐（コマンダー）であるジェームズ・ボンドの私物に相応しい腕時計は、ネイビーブルーの背広のように、万能の1本として規定されたのである。

防水性能は現在、300メートルにまで進化しており、マルチユースではこれ以上の必要はない十分な設定といっていい。サイクロップ・レンズで拡大するデイト付きモデルが豊富だが、初代からのノンデイトも健在だ。

そうした現状で「サブマリーナー」に匹敵するダイバーズ・ウォッチというのは、実に難しい。知識と経験に長けた腕時計ショップのスタッフでも、答えに窮する問題だろう。何よりネックになるのは、「『サブマリーナー』に似ていないダイバーズ」をピックアップすることが難しい、という点だ。

ロレックス

サブマリーナー ノンデイト

不変の基本スタイルで、
追随者の減らない超ロングセラー

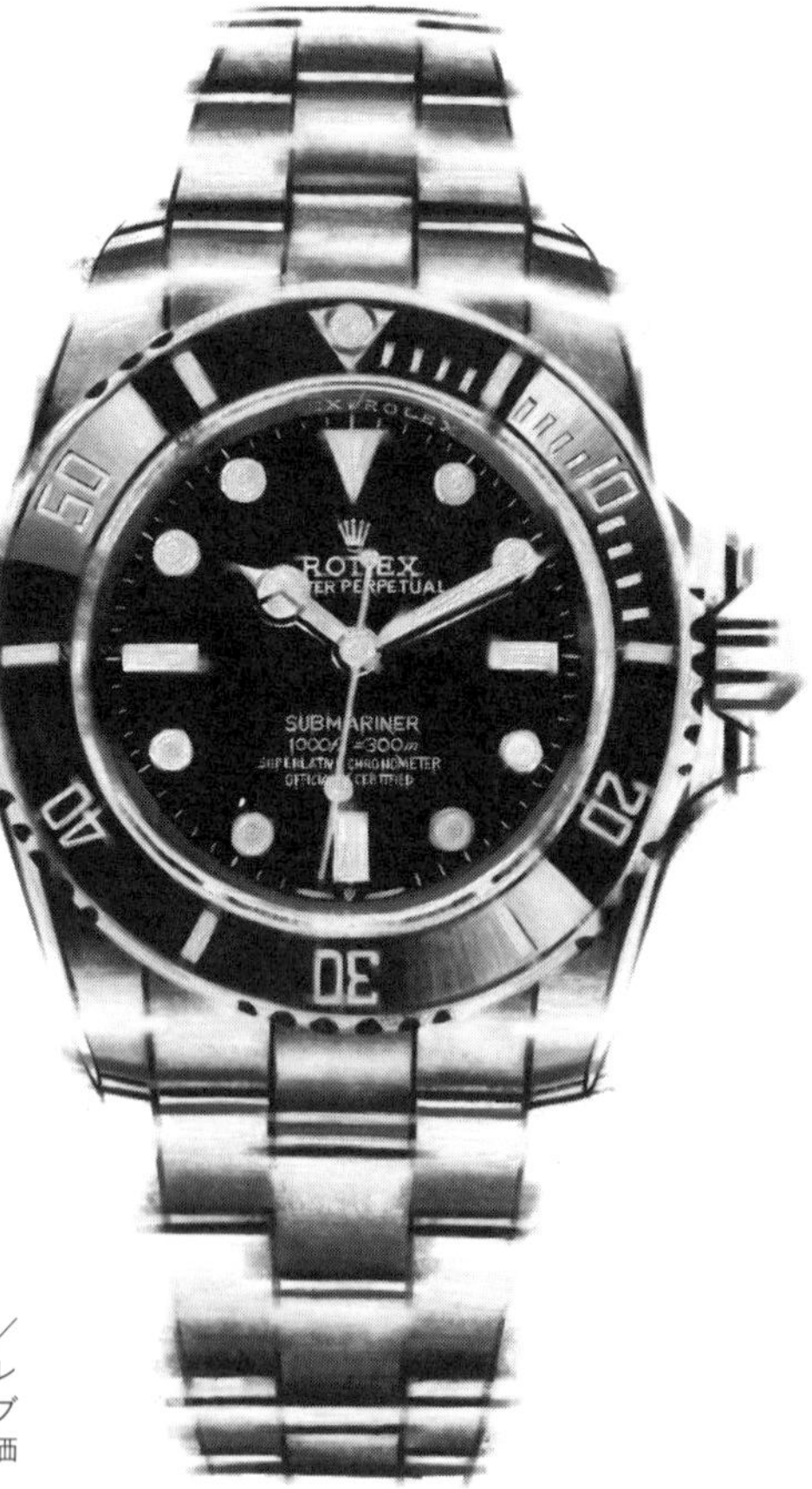

ケースサイズ:41㎜/ケース素材:ステンレススティール/ムーブメント:自動巻き/価格:108万4600円~

ジャガー・ルクルト

ポラリス・マリナー・メモボックス

水面へ浮上するべきタイミングを、
アラームで知らせる驚異の腕時計

ケースサイズ：42㎜／ケース素材：ステンレススティール／ムーブメント：自動巻き／価格：283万8000円

そもそも似ているダイバーズでいいのなら、「時間がかかっても、いつまでも『サブマリーナー』を探す」という、解決にならない結論に至ってしまう。「サブマリーナー」のオリジナル性とオーセンティシティは、それぐらい強力だ。

その意味から考えてみると、まったく違うアプローチを採り、しかも伝説となったひとつのダイバーズ・ウォッチの姿が浮かんでくる。それが「ポラリス・マリナー・メモボックス」。ジャガー・ルクルト製の現行モデルである。

タフでハンサムなことでは一歩も引かない

「サブマリーナー」との類似ポイントというか、対抗ポイントは明快に現れている。同じく300メートル防水の性能をもつ、純粋なダイバーズ・ウォッチであること。それと同時に、マルチユースなオールラウンドウォッチとしても間違いなく魅力的であること。タフでハンサム、ということにかけては、一歩も引かない。

その一方で、スタイルとシルエットは、水と油ほども異なっている。そもそも「ポラリス・マリナー・メモボックス」は、腕時計に詳しくない人でもひと目で見分けるダイバーズのアイコン、外付けの逆回転防止ベゼルが存在しないのである。

潜水時間や浮上のための時間を分単位で計測するために装備される、目盛り付きの回転ベゼルは、単なる機能以上のものだ。

それがなくてはダイバーの生死に関わる装置であり、ダイバーズ・ウォッチと名乗るためにＩＳＯが定めた基準に準拠する必須の機構である。それを「ポラリス・マリナー・メモボックス」では外装ではなく、文字盤と同様に風防ガラスの中に収め、リューズで操作する方式を採っている。

15、30、45分はアラビア数字で記載されているのだが、ゼロ位置を天頂に合わせた状態では、それは時計機構のミニッツトラック＝分表示にしかみえない。遠目には洒落たスポーツウォッチとしか思われないかもしれないのだが、必要時には本格ダイバーズとして機能するという腕時計なのである。

そしてもうひとつ、「ポラリス・マリナー・メモボックス」には、「サブマリーナー」には決して望めない機能が備わっている。ジャガー・ルクルトが誇るメモボックス、つまりはアラーム機構である。この腕時計は、ダイバーに水面へ浮上するべきタイミングを、音を通じて知らせることができるのである。

文字盤中央上部には小さな矢印がみえるが、このアイコンはそもそも中央の円盤に記されたもので、リューズの操作によって回転し、移動する。まさにアナログ式の目覚まし装置である。それを、ダイバーズに組み込んだ。

いうまでもないが、ＩＳＯとてこのようなクオリティまでは求めていない。これはジャガー・ルクルトが自発的に成し遂げている、ありえないほどのオーバークォリティである。

しかもこの腕時計は、決して新奇性を追求したものではなく、60年以上の年季を経ているものである。最初の登場は１９６８年、「メモボックス・ポラリス」の名で誕生したモデルだ。

一連のメモボックスは、ヴィンテージでも不朽の名作扱いが揺るがない。スイスの高級腕時計ブランドのなかでも特筆できるほど、真剣にアラーム機能に取り組んできたのが、ジャガー・ルクルトなのだ。

過去には同じ意匠で本当に目覚ましクロックをつくっていたこともある。永久カレンダーに搭載したこともある。そのアラーム機構と本格ダイバーズ・ウォッチが出会ったことで「メモボックス・ポラリス」は誕生した。

アラーム時計にして、ダイバーズ・ウォッチ

アラーム時計でダイバーズ・ウォッチという秀逸なスペックは、60年を経て色褪せない。特殊な形状の裏蓋をもち、水中でもアラームが聞こえやすい復刻版の「メモボックス・ポラリス」が限定版として復活したのは２０１８年のことだ。

自動巻き、３００メートル防水でシースルーバック、アラーム装備。どこにもない夢のスペックがパッケージになった。しかも現在のジャガー・ルクルトは、タイムピースひとつひとつに厳密な「１０００時間コントロール」テストを課している。

ケーシング前後のムーブメントの検査を含め、スイス公式クロノメーター検定基準をは

るかに上回る内部検査テストが実施され、品質が認証される。

そもそも腕時計の世界では、ひとつでも機械式の自社製ムーブメントをもった腕時計ブランドのステイタスが段違いに高くなる。「マニュファクチュール」を名乗ることになる、そうした高級腕時計ブランドのなかでも、ジャガー・ルクルトは別格だ。


誕生は1833年。創業の地であるスイスのジュウ渓谷（ヴァレー・ド・ジュウ）は、実際的な意味でも精神的にも、スイス時計のハートランドだ。そこはスイス・ジュラ山脈のフランス国境に近い奥座敷であり、海抜1000メートルを超える山あいの湖を囲むのどかな地域である。

そこに、ジャガー・ルクルト社の工房は現在もある。近代的な建物と最新鋭の設備だが、草原に向かって大きく開いたガラス窓からの自然光の下で黙々と作業する、昔ながらの職人の仕事場でもある。

最高級の腕時計には、熟練した技術と五感の働きが重要な役割を果たす、絶対に機械化で置き換えられない部分があるものだ。結果としてつくり手のプライドが貫かれた一本一本が生み出される。そのような腕時計でなかったら、故・英国女王エリザベス2世も、ジャガー・ルクルトを愛用されたりはしなかっただろう。

といっても、高い技術だけのブランドではなく、ムーブメントの特性を生かす、デザインの個性的なオリジナリティも見逃せない。「ポラリス・マリナー・メモボックス」は、そのブランドが生んだ傑作なのである。

前人未到のムーブメント創造の手練の独創性のなかでも、メモボックスの機構を組み込んだムーブメントは、ダイバーズ・ウォッチでなくてもユニークであり、実際に水中以外で能力を発揮する腕時計にも、ジャガー・ルクルトでは採用している。

そのムーブメントに回転インナーベゼルを備え、秀逸な防水性を備えさせた、2つとないダイバーズ・ウォッチが「ポラリス・マリナー・メモボックス」だ。同じようなダイバーズ・ウォッチは存在しないし、今後も同様だろう。それは間違いなく「サブマリーナー」と、両雄並び立つ腕時計なのである。

数々の物語に彩られた、玄人好みの傑作ウォッチ

7

ロレックス人気モデル
シードゥエラー

提案モデル
ブランパン ─ フィフティ ファゾムス

ロレックスのダイバーズ・ウォッチといえば、もっとも歴史の古い「サブマリーナー」と、2008年に誕生したウルトラスパルタンな「ディープシー」(2022年の「ディープシー チャレンジ」を含む)。

そしてその中間に位置するのが、1967年誕生の「シードゥエラー」である(「ディープシー」は、発表当時「シードゥエラー ディープシー」を名乗っていた)。

ファーストモデルは610メートル防水、現在はその2倍の1220メートル防水のハイスペックを誇るプロユース仕様である。

「サブマリーナー」ではカバーしきれない用途や場所での使用を想定したことは、飽和潜

水時に対応するヘリウムエスケープバルブを備えていることからも明らかだ。

この特別なバルブは、ロレックスを標準装備したフランスの潜水専門会社「COMEX」との関係のなかで開発された技術である。新開発の「シードゥエラー」を装備したCOMEXのダイバー6人は、後に潜水1070フィートの世界記録を樹立することになる。

「ディープシー」を生み出した後のいっとき、市場から姿を消していた時期もあったが、その後に復活。屈指の人気モデルとなった。「サブマリーナー」の上級モデルとしての立ち位置があり、「ディープシー」ほどのかさ高さをもたないスタイルは、プロユースはもちろん街使いでも万能だ。

スティールモデルの人気が極めて高いが、1000メートル超えのダイバーズでありながら、ロレゾール（ゴールド／ステンレススティールのコンビ）モデルもあり、ハイスペックゆえの余裕を感じさせる。

一方、ダイバーズ・ウォッチを語る上で、決して外すことができないのは、ブランパンの「フィフティ ファゾムス」だ。ロレックスの「サブマリーナー」と同年の1953年

ロレックス

シードゥエラー

プロユースでも街中でも、
万能ダイバーズは活躍する

ケースサイズ:43㎜／ケース素材:ステンレススティールほか／ムーブメント:自動巻き／価格:157万800円〜

ブランパン

フィフティ ファゾムス 500ファゾムス

サブマリーナーと同年デビュー、豊富なバリエーションが魅力

ケースサイズ：48㎜／ケース素材：チタン／ムーブメント：自動巻き／価格：358万6000円〜

に始まったコレクションは、しかしまったく別のストーリーを語り続けている。

1997年にスタートした現在の「フィフティ ファゾムス」は、かつてのライバルの上級モデルとしての「シードゥエラー」と対置した方がしっくりとくる。

そもそも、この腕時計に関してのストーリーは非常に豊富。書かれたものは数知れず、漫画に描かれたこともあり、ドキュメンタリー映画も2019年に制作されているほどだ。

誕生から70年にあたる2023年には、同社のウェブサイトで各70本3シリーズのモデルがすぐ完売するなど、意気が高い。「フィフティ ファゾムス」は憧れのダイバーズ・ウォッチなのである。

その誕生の物語は1952年、ロベール・マルビエ大尉とクロード・リフォ中尉という2人のフランス海軍士官の要請から始まる。

仏国防省から「戦闘員ダイバー」の精鋭部隊編成を命ぜられた2人は、その任務遂行のための特殊ギア開発を、スイス時計の名門に依頼した。

これを受諾した当時のブランパンCEOであったジャン-ジャック・フィスターは、自身がダイバーでもあったことから、ただ単に防水性能だけではなく、画期的でシリアスな新世代の潜水用時計を構想した。

そして翌１９５３年に誕生したのが、水中で潜水時間や浮上のための時間を計測できる当時としては画期的な、新機軸の逆回転防止ベゼルを備えたダイバーズモデルだ。初代「フィフティ ファゾムス」は後に現代的なダイバーズ・ウォッチの祖とも称されることになったのである。

海洋学者クストーも『沈黙の世界』で着用

ちなみに１９５６年、カンヌ映画祭で海洋ドキュメンタリー映画でありながら最高賞パルム・ドールを獲得した『沈黙の世界』のなかで、海洋学者ジャック＝イブ・クストーも「フィフティ ファゾムス」を着用している。

謎めいたネーミングに採られた「ファゾム」とは、日本でもかつて用いられた「尋《ひろ》」に相当する、両腕をのばした長さにあたる水深の単位（約１・８メートル）のことである。「フィフティ ファゾムス」はその50倍の防水性能を備えた、夢の高性能ダイバーズ・ウォッチだった。そしてその時計のルーツは、国防の要請から生まれた一種の軍用時計にほかならない。それは腕時計にとっては誇らしい血筋なのである。

腕時計に限らず、工業製品は民生用（家庭用）、業務用、軍用の順でスペックが高度化する。軍用スペック、しかも特殊用途の腕時計は、本来なら一般には手に入らない幻の品のはずなのだ。


最高性能のためであれば費用を惜しまないのも、軍用スペックのひとつの側面である。フェラーリの価格でさえ、戦車1台の値段にはるかに及ばないのと同じである。つまりは、現在と同じ最高級ダイバーズ・ウォッチとしての条件を最初から備えていたことになる。

事実、「フィフティ ファゾムス」はフランス海軍潜水戦闘部隊によって、初めて潜水任務に採用されたのち、ドイツ軍、アメリカ軍でも採用されている。


それらの腕時計は、ときに魅力的なカスタマイズが施された。とくに有名なヴィンテージの名品が、ドイツ海軍が1960年代半ばに調達した「フィフティファゾムス ＲＰＧ１」モデルだろう。

裏蓋に「Bundeswehr（戦闘部隊）」という言葉を刻印した、ドイツ海軍特殊部隊の精鋭「Kampfschwimmer」が1970年代初期まで着用したミッションウォッチ。しかも文字盤には「NO RADIATIONS」のヴィジュアルロゴが初めて施された、通称「BUND No Rad」モデルである。

現在も病院などで使われている放射線標識にバツ印を重ねたシンボルは、発光塗料として時計製造に使用されていた放射性元素のラジウム、トリチウム等が健康に有害であると宣言された1960年代に、ブランパンが採用したものだ。

自社製の腕時計はラジウム不使用で無害であるということを、明快に図案化した。このロゴを掲げた文字盤はのちに復刻され、現行の「フィフティ ファゾムス」の限定版として販売されている。

「バチスカーフ」など豊富なバリエーション

現在のコレクションは、モダンなスタイルの「フィフティ ファゾムス」に〝バチスカーフ〟のモデル群を加えて、バリエーションを広げている。バチスカーフは、スイスの物理学者オーギュスト・ピカールの発明した深海探査艇の名前であり、それ以降に可能になった数々の冒険を象徴する。

とくにオーギュストの息子ジャック・ピカールの深海探検にインスピレーションを受けたブランパンは、1950年代末に男性用と女性用のバチスカーフ・ダイバーズ・ウォッチを発売した。

その歴史的モデルのデザインエッセンスを受け継いだ「フィフティ ファゾムス バチスカーフ」が、オリジナルの「フィフティ ファゾムス」と拮抗する人気のモデル群を形成しているのである。

実際、「フィフティ ファゾムス」のコレクション内の選択肢は数多い。オーソドックスなデイト付きモデルだけでも、カラーやデザインのバリエーションがあるのに加え、各種の付加機能をもつモデルが顔を揃える。

フライバック・クロノグラフ、ムーンフェイズ、コンプリートカレンダー、アウトサイズデイト表示、デイデイト、トゥールビヨン、GMT。純然たるレディスモデルがあるのも特筆すべきだろう。

一方で技術的革新もめざましく、非磁性シリコン製ヒゲゼンマイ、アモルファス金属合金であるリキッドメタルを使った目盛りスケール、耐摩傷性の高いセラミック製ベゼルインサートなど、最新テクノロジーが惜しみなく追加されていく。

そもそもブランドとしてのブランパンは１７３５年、スイスのヴィルレで創業し、最古の時計ブランドとも呼ばれるスイス腕時計界の大名跡だ。クォーツショック後の１９７０年代、いっとき休眠状態となったが、スイス腕時計の救世主とも呼ばれる辣腕経営者ジャン＝クロード・ビバーの手によって再生された。

ビバーはブランパンについて「過去にも未来にも、丸型で機械式の腕時計以外、一切、つくらない」というプロトコルを宣言した。その掟に決して背かないダイバーズ・ウォッチが、いま世界を魅了する。

何より現代の「フィフティ ファゾムス」が楽しいのは、バリエーションが豊富であることと、サプライズな限定モデルを次々に発表してくることだろう。むやみに探すのではなく、選ぶ楽しみがあり、何が飛び出すのか待つ楽しみもある。それは「フィフティ ファゾムス」の重要なオプションなのである。

両ブランドが挑み続ける、深海への果てしない夢

8

ロレックス人気モデル
ディープシー

提案モデル
オメガ　シーマスター プラネット オーシャン 6000M

「サブマリーナー」から「シードゥエラー」と続いたダイバーズ・ウォッチの系譜で、2008年に発表された防水性能の進化形が「ロレックス ディープシー」である。

その性能はなんと、水深3900メートル（1万2800フィート）の防水機能を誇る。普通はダイバーが潜ることはありえないだろうその深度では、腕時計には約3・9トンの水圧がかかる計算になり、通常のダイバーズ・ウォッチでは破損が不可避なこの環境に耐えるため、さまざまな新機軸が駆使された。

まず水圧だけでも割れてしまうだろう風防ガラスに、5・5ミリもの厚さをもつサファイアクリスタルを、ドーム型に成形して採用した。丈夫なガラス素材は、外に向かって膨

らんだ形状が水圧と拮抗する。

さらに窒素合金ステンレススティールの高性能耐圧リング、グレード5チタン合金の裏蓋から構成された、〝リングロックシステム〟と呼ばれるロレックス独自開発のケース構造をもつ。

この腕時計の誕生物語は１９６０年、太平洋沖マリアナ海溝の有人調査で、水深1万9１6メートルという驚異的な最深地点を記録した、潜水艇トリエステ号に由来する。

この潜水艇に装備された試作モデル「ディープシー スペシャル」が、直接のルーツだ。それなのに44ミリに抑えたケース径と、１・８ミリ単位でブレスレット調整が可能なエクステンションシステム。生身の人間の能力をはるかに超えたレベルを想定しながら、そこでの実用性が本気で追求されているのである。

さらに２０２２年に登場したのが「ディープシー チャレンジ」だ。２０１２年に行ったマリアナ海溝潜水のための試作モデルが、1万1０００メートルまでの防水性能を備えた市販モデルに姿を変えて登場した。

50ミリ径のケースの素材を試作時のステンレススティールではなく、軽量のチタン合金

ロレックス

ディープシー

進化が止まらないダイバーズに、ブランドの誇りを感じる

ケースサイズ：44㎜／ケース素材：ステンレススティール／ムーブメント：自動巻き／価格：168万4100円～

オメガ

シーマスター プラネット オーシャン 6000M

6000メートル防水を実現、
超スパルタンなオメガの自信作

ケース径45.5㎜／ケース素材:チタンほか／ムーブメント:自動巻き／価格:165万円～

を選択したことからも、このモンスターウォッチでも着用感が本気で考えられていることがわかる。

真っ向からロレックスと対峙

その、もはや人間の能力を超えたとも思える深海での性能競争で、真っ向からロレックスと対峙しているのがオメガである。

そのモデル「シーマスター プラネット オーシャン ウルトラディープ」の性能は、6000メートル防水。3900メートルという「ディープシー」の並外れた防水性能を、正々堂々と超越してみせた。たとえば南海トラフの最深部すら、余裕でクリアする。

一般的にはダイバーズ・ウォッチを外見で判別する人が多いだろうが、実は機能上の定義は厳密だ。国際標準化機構の「ISO6425」、日本工業規格「JIS B 7023」では、「100メートルの潜水に耐え、かつ時間を管理するシステムを有する時計」以外をダイバーズとは認めない。

そのほかにも耐圧性、暗所での視認性、耐磁性、耐衝撃性、耐塩水性、水中操作性、耐浸漬性、耐外力性、耐熱衝撃性などの基準が定められている。

ダイバーズのアイコンである回転ベゼルも必置義務の〝タイムプリセレクティング装置〟。逆回転防止の機構は、潜水時間の測定で、誤作動を防ぐためにある。デザインは技術の要求による結果なのである。

そもそもダイバーズ・ウォッチは、職業としての潜水士のためのプロ仕様をもつ。しかも、軍用としての用途をもつミッションウォッチという出自も珍しくない。絶対的にパフォーマンスを重視するミリタリースペックが、ダイバーズの高いスタンダードとなった。

全てのダイバーズは、自分の命を守る〝ミッション〟を遂行するための腕時計でもあるのだ。だから完璧を期して、スペックは必要以上に高く設定されなければならない。

生身の人間が潜れる限界よりも深く、防水性能の数値を設定する。生命に関わることであるから、考えられる限りの余裕をもつ。こうしてダイバーズ・ウォッチは、超人的性格をもった存在になる。

プロスペックのダイバーズは、極めて高いレベルでの技術革新を続け、いまに至っている。超スパルタンなモデルでは、もはや3000メートル以上の防水性能で競い合うのが普通のことだ。

このレベルでは浸水どころか、圧力によるガラスの歪みまでを考慮している。ヘリウムガスを使った飽和潜水時に、浮上時に膨張したガスがガラスを突き破ることを防ぐ手段も必要になる。


しかしながら、2022年の新作としてデビューした超ハイスペックダイバーズの「シーマスター プラネット オーシャン ウルトラディープ」には、大きな特徴がある。これだけの高深度に耐えるためには絶対不可欠なはずの、ヘリウムエスケープバルブが存在しないのだ。それは大きなアドバンテージであると同時に、このスペックを達成できた秘密でもある。

そもそもの誕生物語は2019年、マリアナ海溝に潜った深海探査艇に始まる。水深1万935メートルの世界記録を達成したその深海探査艇のアームに、「シーマスター プラネット オーシャン ウルトラディープ」のプロトタイプが装備されていた。

浮上してきたそのモデルは、まったく問題なく動いていた。しかしこのときのサイズは、直径が52ミリで厚みが28ミリもあり、あくまで試行機という扱いである。それをわずか3年で直径45・5ミリ、厚さ18・12ミリの、普通に着用して違和感のないサイズに仕上げ、一般市販したのは奇跡といってもいい。

まずは新機軸のガラスである。まったく不純物を含まない合成サファイヤの一枚のプレートから、5・2ミリの厚さで風防ガラスを切り出した。

しかもケースとの接合部を円錐状にすることで接触面を増やし、密着させた。裏蓋とリューズも同じく、接合部を円錐状に仕上げている。これにより完全な強度を確保したことで、ヘリウムガスの膨張による破損に耐えるのである。

チタンに加えて「O－MEGAスティール」も用意

それでも深度6000メートルでは、かかる水圧は6トンにも及ぶ。今度は金属ケースに歪みの危険が生じてくる。プロトタイプで用いたのと同じチタンであれば問題は回避できるので、「シーマスター プラネット オーシャン ウルトラディープ」には、グレード5

のチタン製モデルがラインアップされた。

しかし一方で、ステンレススティール製も発売されている。この素材には秘密があり、オメガが独自に研究した新開発の合金「O－MEGAスティール」が使われている。高強度で耐食性に優れた新しいマテリアルは、高深度でも変形しない性能をもつのだ。

オメガはその5年前からこのマテリアルの開発を行ってきていた。用途がまだ決められていないところで、この「ウルトラディープ」のプロジェクトと、道が重なった。オメガの次世代を担う可能性をもつO－MEGAスティールは、このモデルで初めて採用されることになったのである。

叡智を結集したプロジェクトが進捗し、守りを固めて自信を得た上で、オメガは発売前のモデルを、念のいったことにゆかりのマリアナ海溝で、6269メートルまでのオーシャンテストを実施した。

6000メートル防水を実証した上で、今度は社内の検査機器で、7500メートルまでの防水をテスト。つまりは、表示した性能プラス25パーセントの余裕を確保した上で、一般市販に踏み切ったのである。

内部に搭載されているのは、スイス連邦計量・認定局（ＭＥＴＡＳ）によるマスタークロノメーター認定を受けたコーアクシャル脱進機装備のムーブメント。耐磁性能も1万５０００ガウスを誇る。

Ｏ‐ＭＥＧＡスティールはその特性だけでなく、白く光沢があり、輝きが美しい長所がある。しかもニッケルが０・０５パーセント以下とほぼ入っていないのに等しく、金属アレルギーを起こさない。

タフなのにおしゃれな「プラネット　オーシャン」のオレンジ色のベゼルにもよく映える。しかも発表時には１５０万円近辺でプライスが設定され、あまりの良心的価格に業界がざわめいたほどだ。

買って後悔がなく、このモデルには隙がない。限界を超えたのは酔狂ではなく、ダイバーズという腕時計のあるべき姿を真剣に追求していった結果である。ハイパーなスペックを咎める理由など、地球上のどこにもありはしない。

華麗さと無骨さを併せもつ、パイロットウォッチ

9

ロレックス人気モデル
エアキング

提案モデル
IWC
パイロット・ウォッチ・マークXX

2010年代までの「エアキング」には、ロレックスの入門機であり、手首の細い人向けの腕時計といったイメージがあった。34ミリというケース径から、「ボーイズサイズ」と呼ばれることが多かった記憶をもつオールドファンも、少なくないだろう。

その先入観を一変させたのが2016年、いったん生産を終了したと思われていた「エアキング」が、40ミリにサイズアップして復活したことだ。

そのときから、ブランドロゴが初めてイエローとグリーンとなり、何よりペンで書いたような「Air King」の書体が、1950年の頃と同じになった。

3、6、9の太いアワーマーカーと、アラビア数字の分インデックスを並置させたレイアウトも斬新で、注目を集めた。これは飛行時間の計測を容易にするためのもので、ブラックの文字盤ともどもパイロットウォッチの伝統的なスタイルなのである。

最新の2022年モデルではさらにモディファイが施され、アワーマーカーが夜光、「5」分インデックスが「05」になるなど機能とデザインの両面で手が入った。

そもそもの性格づけであるロレックスと航空の世界における伝統をより意識した、パイロットウォッチらしい外観を強調。磁場の影響から時計を守る磁気シールドが搭載されていることも見逃せない。1000ガウスの磁場に耐えられる耐磁時計なのである。

100メートル防水のオイスターケース、工具なしで長さを5ミリ調節することができるイージーリンク付きのオイスターブレスレットには、誤って開いてしまうことを防ぐオイスターロックフォールディングクラスプを装備するなど、信頼性と快適性の工夫も凝らされている。

力強く華麗な、空との関わりをもつ「プロフェッショナルウォッチ」は、大人の男に相

ロレックス

エアキング

34ミリからサイズアップして、
かつての入門機が人気急上昇

ケースサイズ：40㎜／ケース素材：ステンレススティール／ムーブメント：自動巻き／価格：88万5500円

IWC

パイロット・ウォッチ・マーク XX

80年以上、パイロットから
愛され続ける稀有な存在

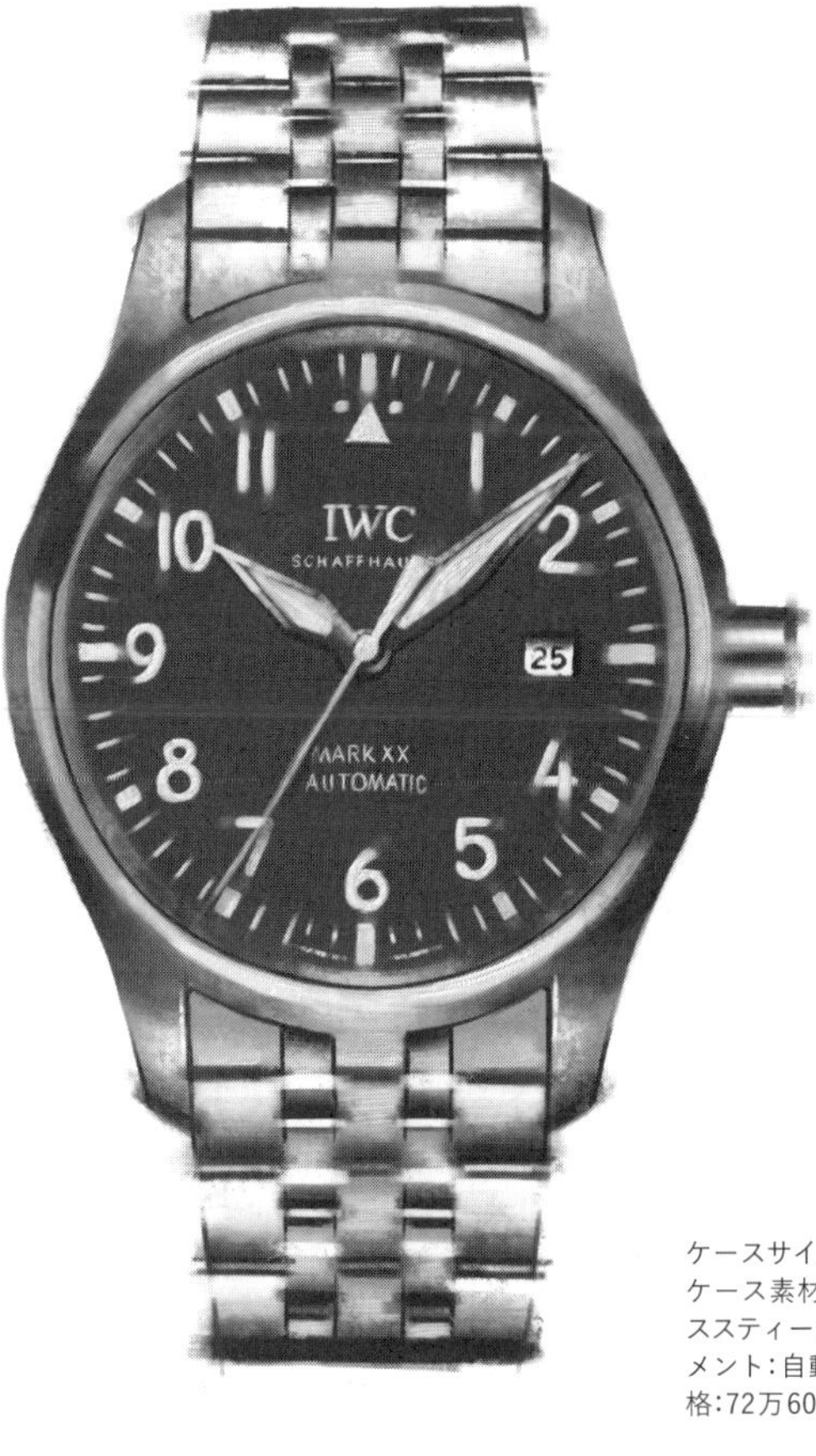

ケースサイズ:40㎜／ケース素材:ステンレススティール／ムーブメント:自動巻き／価格:72万6000円〜

応しい。

　では、比べるべき腕時計は何か。高い性能と耐久性の半面、シンプルな機能とみやすさ。古典的なパイロットウォッチのプロトコルは、本来のプロフェッショナルウォッチはどうあるべきか、の基本ルールといっていいだろう。

　その意味で「エアキング」と絶対に比べるべきなのが、ＩＷＣのなかでも同じ40ミリ径を主力サイズにとる「パイロット・ウォッチ・マークXX」コレクションである。

　ＩＷＣはよく知られているように、パイロットウォッチの名門だ。第二次世界大戦前後に、各国のパイロットが使用することで高い評価を得た腕時計は伝説となり、いまに続くシリーズの礎となっている。

　そして２０２２年、最新作「マークXX」が発表され、腕時計ファンの注目を集めている。「マークXX」は新型の自社製ムーブメントを採用。文字盤上では日付窓が黒から白に変更され、インデックスのバーが3、6、9、12時位置でレングスを伸ばした。

　さらにブレスレットのクイックチェンジシステム「EasX-CHANGE」が導入され、パワーリザーブも72時間から１２０時間に、防水性能は「エアキング」と同じ１００メートルへと全面的にスペックアップしている。

「マークXX」のルーツは、1948年の「マークXI」にあるが、IWCとパイロットたちの絆はもっと以前から始まっている。1930年代の中頃には、軍用ではなく民間航空を対象とした腕時計を製作した記録も残っているという。非常に丈夫なうえ、マイナス40度からプラス40度までの気温の変化に対応。しかも耐磁性を備えていた。こうして1936年には、IWCのスペシャルなパイロットウォッチが誕生していた。

職業軍人が愛用したIWCのパイロットウォッチ

その後に始まった第二次世界大戦では、枢軸国ドイツと連合国イギリスの交戦国それぞれが、永世中立国スイスのブランドであるIWCのパイロットウォッチとナビゲーターウォッチを採用することになった。

大戦終結後の1948年、IWCは英国空軍（RAF＝ロイヤル・エアフォース）のために、特別なパイロットウォッチの製造を開始した。その品「マークXI」はやがてイギリスだけでなく、ほかの英連邦諸国でも軍の支給品に採用された。

このモデルは1981年まで使用される、ミリタリーのロングセラーとなった。IWCのパイロットウォッチは、職業軍人としての飛行士たちが信頼し、愛用する腕時計だったのである。

その間に民間航空の時代が到来し、IWCでは1988年に初の民間向けの「パイロット・ウォッチ・ダブルクロノグラフ」が誕生し、極めて高い評価を受けた。

そして1994年には伝説の再来となる「マークⅫ」が、日付表示付き自動巻きモデルとして産声を上げている。また2002年には別の文脈から、サイズを違えた「ビッグ・パイロット・ウォッチ」を生産開始する。


最新作「マークⅩⅩ」につながるのが、2016年に登場した「マークⅩⅧ」コレクションだ。このときから日付表示はマルチプルからシングルデイトに変更され、9時と6時のアワーマーカーがバーからアラビア数字となり、印象的なアイコンである12時位置のトライアングルがミニッツトラックの内側にポジションを変えた。

ケースサイズも1ミリ追い込み、ジャスト40ミリに仕上げられた。アラビア数字の9と

6の復活、トライアングルの位置も、もとをただせば伝説的な「マークⅪ」に遡るものだ。伝説のオリジナルであるロイヤル・エアフォースの勇士たちがこよなく愛したパイロットウォッチに範をとったのである。一方で、現代のモデルにしかない魅力も忘れてはならず、革ストラップでは、ほぼ全モデルでサントーニ社製による極上のストラップが採用されている。

サンテグジュペリへのトリビュートモデルも

ラインアップに残る「マークⅩⅧ」コレクションのなかでも、限られた空のエリートだけが手にすることができるのは「トップガン」の名で知られるアメリカ海軍戦闘機兵器学校の卒業生限定で、2018年に制作されたタイムピース。「パイロット・ウォッチ・マークⅩⅧ・トップガン〝SFTI〟」は、その一般向けの限定バージョンである。「TOP GUN」のロゴが文字盤の9時位置にあしらわれ、グレード5のチタン製ケースバックにも刻印された、オリーブグリーンの布製ストラップを纏うモデルは、最高にクールだ。

もうひとつの注目するべきモデルは、作家でありパイロットでもあったアントワーヌ・ド・サンテグジュペリの作品に捧げられた〝プティ・プランス〟（星の王子さま）バージョンの「マークXVIII」だろう。

サンテグジュペリはフランス陸軍から民間に移り、アフリカ・南米で黎明期の郵便飛行に従事した。パリ・サイゴン間のレースに出場し、リビア砂漠に不時着もした。そしてナチス・ドイツと対峙する自由フランス空軍に志願し、地中海の空で消息を絶っている。

生涯の全てが伝説であるパイロットは、そうはいない。作家としての出世作も『夜間飛行』で、代表作の『星の王子さま』の語り手は自身を投影しただろう墜落機の操縦士だ。彼はフランス国民にとって、何より〝世界一有名なパイロット〟であり、〝永遠の英雄〟なのである。

ＩＷＣは、その操縦士への敬意を隠さない。２００８年以降の恒例となったのは、特別なトリビュート・モデル。子孫が設立したアントワーヌ・ド・サンテグジュペリ・ユース財団の、パートナーの立場で出されている。

もともとＩＷＣがパイロットウォッチをつくり始めたのは１９３６年からで、サンテグジュペリが空を翔けていた時期とも重なっている。

文字盤デザインは計器盤のような独特のメリハリをもち、ムーブメントは軟鉄製のインナーケースに包まれた、磁場から保護される特別な腕時計である。それから80年を超えた「パイロット・ウォッチ・マークXVIII〝プティ・プランス〟」は、世界に知られた特別なパイロットへのオマージュとなる。

見逃していけないのは、この魅力的なシリーズも、前出の財団による社会貢献への支援も1年限りのことではなく、ずっと続けられてきたことだ。

いまでも年輩の時計ファンはＩＷＣのことを〝インター〟と呼び、ダブルクロノグラフをドイツ語流に〝ドッペルクロノ〟と語ることがある。勝手にあだ名を付けられるのはロレックスでもよくあることだが、それだけファンはこのブランドとパイロットウォッチに思い入れが深いのである。

ヨットレース用につくられた、2つの特別な腕時計

10

ロレックス人気モデル

ヨットマスターⅡ

提案モデル

パネライ　―ルミノール レガッタ

「ヨットマスターⅡ」は、特別さが際立つ腕時計である。「コスモグラフ デイトナ」と並ぶ、ロレックスでは数少ないクロノグラフでありながら、用途も機能も極めて特殊で限定的な設定をされている。先行した「ヨットマスター」とは、まったく別次元の腕時計といってもいいかもしれない。

その理由は、装備しているのがただのクロノグラフ機構ではなく、ヨットレースのためのカウントダウン機能も備えていることだ。

計測開始の時刻をマイナス10分まで任意の時間にセットできるカウントダウン機構は、

信号旗と音声信号でスタートまでの時間を伝える、ヨットレースのルールに対応したもの。

さらに、プッシュボタンのひと押しで一瞬のゼロリターンをして再計測を行う、フライバック・クロノグラフ。しかもその操作には、内部機構と連動する回転ベゼル＝リングコマンドベゼルが機能する。新機軸が交錯するこの組み合わせは、事実上のコンプリケーション＝複雑機構といっていい。

シンクロボタンとフライバック機能により、レースでは頻繁に発生する修正や予定変更への順応も容易だ。レトログラード表示されるカウントダウン分数の変更が可能なので、さまざまなローカルルールにも順応し、あらゆるレガッタで極めて実用性が高い。

オイスターケースは１００メートル防水で、72時間のパワーリザーブ。世界中のヨットレーサーが羨望する、海の実用時計である。

２００７年のデビュー時には、ホワイトゴールドとイエローゴールドのみで、２０１１年にはエバーローズゴールドとステンレススティールのコンビ、２０１３年になって初めてスティールモデルがリリースされたという、憧れ続けられた腕時計である。その高嶺の花ぶりは、いまも変わらない。

ロレックス

ヨットマスターII

レースのルールに対応した、
革新的なカウントダウン機能

ケースサイズ:44㎜／ケース素材:ステンレススティールほか／ムーブメント:自動巻き／価格:221万9800円〜

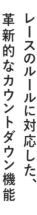

パネライ

ルミノール レガッタ

「海の腕時計」の第一人者による、比類なきレガッタウォッチ

ケースサイズ:47㎜/ケース素材:チタン/ムーブメント:自動巻き/価格:225万7200円

その「ヨットマスターⅡ」に初のスティールモデルがラインアップされた2013年に、パネライのレガッタウォッチが、あっと驚く機能を搭載して登場する。「ルミノール レガッタ ブルー マーレ（PAM01216）」はその最新作であり、驚異のムーブメントを受け継ぐ、パネライのレガッタ機能の継承者である。

クロノグラフと連携するレガッタ・カウントダウン機能は秀逸だ。4時位置のボタンを押すたびにクロノグラフ針が1分ずつ逆進し、スタート時間の位置をマイナスしていく。たとえば5回のプッシュで、簡単に5分カウントダウンの準備が整うのである。1分前から59分前まで、ローカルルールに最速で適応できる対応力の高さは群を抜いている。「スタートまで○分」のフラッグ掲揚と音響信号が事実上のレース開始となる、ヨットレース独特のルールに完全適合したのである。

ヨットレースではスタート前に、すでに戦いが始まっている。具体的には、ルールを駆使して自艇を有利、他艇を不利な態勢にすることだ。海の上では船と船が交錯しそうになるときには、どちらが回避しなければならないかが厳密に決まっている。

たとえば、右と左から来る船が衝突しそうなコース上にある場合には、右舷から風を受けているスターボード・タックの船が優先し、左舷から風を受けたポート・タックの船に回避義務がある。

こうしたルールを使い、カウントダウンがゼロになるまでの間、レース相手よりも有利な位置取り合戦＝熾烈なマニューバリングを繰り広げ、スタート時間と同時にフルスピードで飛び出すためのクロノグラフなのである。

リコールにもフライバック機能で瞬時に対応

一方で、スタート時間のリコールに瞬時に対応する、フライバック機構を装備した。通常のクロノであればストップ、リセット、再スタートの手順を踏むべきリコールへの対応を、スタートボタンの再度のひと押しで、瞬時に開始する。

オレンジ針の60分積算計はセンター同軸に置き、インダイヤルの12時間積算計で、オンショアでも数時間を超えることが珍しくないレースに対応。ヨットマッチ独特の、秒単位のタイムレースのようなスタート前と悠々たる帆走という、2つの時間の流れを完全にカバーする。

タキメーターの単位もキロメートルではなく、ノット表示である。海上での速度の単位であるノットは、1時間に何マイル進むかの単位だが、このマイルも陸上のマイルとは異なり、「ノーティカルマイル（海里）」である。

陸上のマイルは約1609メートルだが、ノーティカルマイルは1852メートル。つまり1ノットは、時速1852メートルに相当する。海の上では普通に使う単位であるが、たとえば車の時速をノットで表現することなどありえないだろう。つまりこのタキメーターは、ヨットレースのためだけに特化した、潔い機能なのである。

搭載された機械式ムーブメントは、自社開発・自社製造の「P.9100」を、ヨットレース用に特別チューンしたカスタム機の性格が強い。

そもそもP.9100の基本性能が極めて高い。まずパワーの持続時間（パワーリザーブ）は3日間ある。自動巻きである上に、このロング・パワーリザーブのために、うっかり止まっていたというようなリスクは、まず考えなくて済む。

また分針を動かすことなく、1時間ごとに時針をステップセットできる。この機構は、海外への渡航時にも使い勝手がいい。

クロノグラフ機構にはコラムホイールと垂直クラッチを装備した。高級機の証ともいわれるコラムホイール式は、普及機のスタンダードであるハートカム式に比べ、操作時のリアクションが確実で、しかも軽い。クロノグラフのスタート・ストップを制御する機構としてはこれ以上望めないものだ。

また、クロノグラフ機構に動力を伝達する機構で、より信頼性が高いのが垂直クラッチだ。水平クラッチに比べ、作動時の針飛びの誤作動のリスクが極めて低い。

イタリアを代表する時計ブランドであるパネライは、スイスのヌーシャテルに自社工房を構え、ミラノのチームと連携しながら時計づくりを進めている。そもそもヌーシャテルは、スイスの腕時計製造にとって非常に重要な場所である。

ラ・ショー・ド・フォンやル・ロックル、フルリエといった高級時計の巡礼地と一本道でつながる重要都市。交通と物流の要衝であり、パネライも運営に参加する著名な時計学校と、いくたびも精度コンクールの舞台となったヌーシャテル天文台がある。

その土地に、パネライはムーブメントを自社製造できる「オフィチーネ パネライ マニュファクチュール」を置いた。

腕時計の研究開発から組み立て、検査・出荷までを行う拠点。ゼロから腕時計を形にする、まさにオールインワンのマニュファクチュールで、つくりたい時計のためにムーブメントを製作できるのである。

イタリア海軍特殊部隊のために試作品を製作

もともとパネライは、いまも昔も「海の腕時計」の第一人者だ。イタリア海軍特殊部隊のために、フィレンツェの老舗パネライが腕時計の試作品を初めて製作したのが1936年。DNAは、本当のプロだけを対象とした海のミッションウォッチにある。

現代では、さまざまな海のアクティビティをサポートする存在であり、2024年に最終戦シリーズが予定されている、第37回アメリカズカップに挑むイタリアチーム「ルナ・

ロッサ プラダ ピレリ」チームのスポンサーも務める。

イタリアという同じルーツをもつルナ・ロッサとパネライが、世界最高のヨットレースに挑むのは、これが初めてではない。

２０２１年に本戦が行われた前回大会では、２０１７年からパートナーシップが開始され、２０１９年には、最初の公式時計であるレガッタウォッチなどの特別モデルをジュネーブで発表した。

新建造のルナ・ロッサ艇はその年10月に進水し、新開発のカーボン繊維製セイルに初めてパネライの名が躍ったのだが、実はそのメインセイルの炭素繊維を、パネライは特別モデルの文字盤をカバーする素材として採用した。カーボテックやハイテクセラミックスを駆使したケースのマテリアルも、レース艇と共有している。

本気で世界最高のヨットレースに挑むイタリアの海の男たちと、イタリア海軍のミッションウォッチをルーツとするパネライ。「ルミノール レガッタ ブルー マーレ」に象徴されるのは、海をルーツとし、ヨットレースを熟知するブランドが生み出した、勇気とともに風上を向く者たちのスピリットなのである。

第4章

ロレックスが欲しい人にこそ、お薦めしたいブランドがある。

この章では、ロレックスというブランドの魅力を因数分解し、
それを体現するモデルに対して、
どのような別ブランド、どのようなモデルが
提案できるのかを検討している。
たとえばロレックスのようにタフな時計をつくっていたり、
同格以上のステイタスをもつ名門、
よりアイコニック、または知名度が高く、
資産価値で圧倒的なアドバンテージをもつブランドらを、
10のテーマ別に挙げた。

それらのブランドは、それぞれ圧倒的に個性が強い。
決してロレックスに似た腕時計をつくっていなくても、
ロレックスのように優れたブランドは存在する。
腕時計の魅力は統一ルールで測られるのではなく、
多様なキャラクターが個々人の内心に訴えるものだ。
人々の心を捉えずにはおかない
10のブランドから、代表的なモデルを１本ずつ紹介している。
いずれも腕時計好きの心を鷲づかみにする、
現代を象徴する傑作たちである。

名門ミネルバから受け継いだ、知られざる「タフさ」

おすすめブランド―1 モンブラン

もしロレックスのタフさに一番心を惹かれているのであれば、代わりとなるブランドはいくつか思いつく。そのひとつがモンブランだ。筆記具ブランドとしてのモンブランの1906年からの歴史と伝統は誰もが知るところであり、品質への信頼は絶対的なものだ。代表的なプロダクトであるモンブランの万年筆は一生ものであるし、手入れをしながら次世代に引き継ぐものだといっても間違いないだろう。裏切られない期待は、腕時計でも同様である。

モンブランには2つの腕時計づくりの拠点「モンブラン・マニュファクチュール」をスイスにもっている。

ひとつは時計づくりの街として知られるル・ロックルにある、シャトーの外観を生かしながら徹底的にリノベーションした近代的な工房だ。ここで１９９７年から製造されている腕時計は、確実な品質と都会的なデザインで腕時計ファンの心を捉えた。

そしてもうひとつは、１８５８年に創業したミネルバの流れを汲むヴィルレの工房。モンブランは腕時計ブランドとしても、１６０年以上の歴史を誇るのだ。

その体制で製造される腕時計のタフな性能は、ただものではない。工房の設立年をタイトルに採った「１８５８　ジオスフェール」、その限定版である「ゼロ　オキシジェン」は、命に関わる信頼を預ける〝山の腕時計〟としては頂点にある。

そもそもヴィルレにある「モンブラン・マニュファクチュール」は、今世紀に入ってモンブランに合流した独立メーカーであるミネルバの社屋を、改修しながらも外観をとどめて現在も使っている。

ミネルバは、腕時計の関係者では知らない者のないほどの名門だ。それでもエンドユーザーの間で、それほど知名度が高くないのは、知る人ぞ知る通向け、玄人好みのブランドであったからだろう。

ムーブメントの組み立てから始まり、1887年にミネルバの名を商標登録、1923年に社名に採った。現在も使われている建物に移転したのは1902年のことだ。アロー（矢）を象ったトレードマークの懐中時計で、次第に知名度を高めたミネルバは、ムーブメントの開発を進め、さらに腕時計に取り組む。

1923年、クロノグラフ・ムーブメントの歴史に残る自社製手巻きムーブメント「Cal.13-20CH」が登場する。

その技術力に1936年、ドイツのガルミッシュ＝パルテンキルヒェンで行われた第4回冬季オリンピックで脚光を浴びる。ミネルバのストップウォッチがスキー競技の計時に採用されたのである。従業員30名に満たないジュラ山脈の小さな工房が、プロフェッショナル向けの性能で世界に認められたのだ。

ミネルバは、機械式アナログのストップウォッチを1911年に製造開始している。オリンピックでの採用だけでなく、ミネルバは機械式ストップウォッチの覇者であり、世界的に機械式ストップウォッチの生産が終結するまでトップの座を守った。

高性能、高精度だけではなく、独自に開発した特許機構のコイルスプリング機構により、ミネルバは、高い耐久性に定評があった。そのため、プロフェッショナル・ユースでの信頼は厚く、世界中で愛用された。放送局での実績は抜群で、アメリカの3大ネットワークであるCBS、NBC、ABCは全て、ミネルバを公式ストップウォッチに認定。日本のNHKもミネルバを採用した。ヴィンテージ市場に出回るそれらストップウォッチは、その多くがいまでも実用に足る。恐るべきタフさをもった長寿命の機械である。

ミネルバは第二次世界大戦時には、もっとハードな機器もつくっていた。イタリア海軍のミッションウォッチをルーツとするパネライが、ミネルバのムーブメントを積んだ高額な腕時計を、何度か出したことがある。

そのつながりを長いこと調べていたら、あるとき、疑問が解けた。ミネルバは、実は第二次世界大戦中、イタリア海軍に遠隔起爆装置のようなものを納入していたのだという。

つまりは軍用ギアもつくれるブランドであり、ストップウォッチの多くも軍用で使われたものだ。これは日本軍も例外ではない。そして、世界中の放送局で使われていたストップウォッチもほとんどがミネルバ製。つまりは軍用も、業務用の機器もつくれるミネルバが、民生用の腕時計を世に送り出していたのである。

ブランドのＤＮＡを感じさせる「山の時計」はワールドタイマー

ケースサイズ：42㎜／ケース素材：チタンほか／ムーブメント：自動巻き

1858 ジオスフェール

モンブランの名の下で、ミネルバのレガシィが存分に生かされた傑作が「1858 ジオスフェール」である。いってみればワールドタイマーだが、その仕掛けが凄まじい。地球の形を模した半球――要は地球儀を南半球と北半球で真っ二つに割って、その2つを文字盤の上下でリアルタイムで回す。そして、地球上のどこがいま何時であるかがひと目でわかるようにする、という超スケールのものである。モンブランはこれを、あっさりと「山の時計」と位置付けている。地球を数々の山をもつ天体と捉え、それをめぐるアウトドアの時計としてインテグレートした。文字盤上の地球には、登山家の憧れのセブンサミットが赤でポイントされている。しかもこの仕掛けのなかから、空気を全部抜いた真空状態の腕時計（ゼロ オキシジェン）をつくり、限定版で売り出してもいる。真空状態になれば酸素も水素もないわけだから、寒いところに行っても、腕時計は決して曇らない。

丈夫で長持ちする時計づくりの倫理を守りながら、ミネルバは１９４０年代に歴史的傑作を誕生させる。ノーブルなスモールセコンド3針モデルは後に「ピタゴラス」と呼ばれ、その後50年以上も設計を変更せずに販売されるほどの超ロングセラーとなった。

英語圏を中心に、プロアマが入り乱れて時計を語り合う「Time Zone (time zone.com)」という著名なパブリックフォーラムがあるが、普段は激論を交わす常連メンバーたちが、かつて記念モデルをみんなでつくろうという話になった。

その製作者として、意見が一致した唯一の依頼先がミネルバだった、というのは有名な話だ。現在のモンブランの腕時計にも、実直で普遍的な誠実さが脈々と受け継がれている。

いっときイタリアの投資ファンドの手に落ちたミネルバを、モンブランが迎え入れたのが21世紀に入ってすぐのことだ。

いまモンブランは筆記具をハンブルク、革製品はフィレンツェ、そして腕時計はスイスでつくっている。もっとも信頼できる製品をつくるための適所はあるものだ。誠実につくられた腕時計もまた、モンブランの一生ものである。モンブランはロレックスの好敵手として検討に値するのである。

天才時計師が創業したメゾンの、絶大なるステイタス

おすすめブランド―2

ブレゲ

ロレックスの腕時計のステイタス性に強く惹かれているのであれば、スイスの腕時計業界にいる同格、場合によってはそれ以上のブランドにも目を向けていい。ブレゲは、その代表的なひとつだろう。ブレゲはロレックスをもっている人間に対抗し、精神的には上位に立てる。ある種、威張れる存在である。

ブレゲの創業者アブラアン＝ルイ・ブレゲは、18世紀から19世紀初頭のフランス・パリで大活躍した人物であり、腕時計業界の先駆けとなった懐中時計の時代の偉人である。現代でも腕時計の世界では「ブレゲひげゼンマイ」「ブレゲ針」「ブレゲ数字」という言葉が頻出するが、それはそもそも彼の発明が、普通名詞化したものである。高級機械式腕時計の代名詞的な「トゥールビヨン機構」も彼の発明であり、フランスで特許を得たのは

1801年、なんと200年以上前のことである。

ブレゲの遺した業績なしに、腕時計の現在は存在することはできない。「時計の進化を2世紀早めた」と20世紀にすでに称されていた男の才能と先見性は、21世紀になってさらに評価を高めている。

アブラアン＝ルイ・ブレゲは1747年、スイスの時計の郷ヌーシャテルに生まれ、パリで独立し、創業したのは1775年のことだ。

それから半世紀、激動するフランスで絶対王政、革命から共和制、ナポレオン帝政から復古王政、百日天下からまた王政までの時代の波に翻弄されながらも、時計師として最高の地位に上り詰め、栄光の生涯を送った。

革命前夜のヴェルサイユ宮殿でブレゲは「ロココの女王」＝マリー・アントワネット王妃の心を捉え、国王ルイ16世も顧客にした。アントワネットは1782年の最初の謁見以来、11年間で4度ブレゲに高価な時計を注文し、生涯ブレゲの顧客となった。

栄華の絶頂にあった時代に発注された「世界でもっとも美しく、もっとも複雑な時計」

の数奇な逸話は、時計界最大の叙事詩といってもいい。名声は海を越え、イギリス国王ジョージ5世もブレゲの顧客名簿に名を連ねた。

フランス革命の後、皇帝位についたナポレオン・ボナパルトは将軍時代、エジプト遠征を数週間後に控えた1798年4月に、2個の懐中時計と1個の旅行用携帯クロックを購入。妹のナポリ王妃カロリーヌ・ミュラも熱狂的なブレゲコレクターであり、ボナパルト一族は合計して100個以上の時計を購入したことが記録されている。

皇后ジョゼフィーヌは1797年、翌1798年、1800年にもブレゲから時計を購入。愛用した品である可憐なブルーのエナメルで装飾されたタクトウォッチは、現在、パリのブレゲ・ミュージアムに展示されている。

ナポレオンの戴冠式に立ち会ったローマ法王も、失脚後の王制復古で王位についたルイ18世も、ブレゲを選んだ。

巧みな外交手腕でナポレオン戦争後の国際秩序を立て直した、名政治家タレーランもブレゲを愛用している。敵味方なくブレゲが選ばれたのは、世界史の必然だ。

創業者ブレゲの時計はいま、ルーヴル美術館でも観ることができる。有名な実業家の未亡人から1960年代に遺贈されたコレクションも収蔵され、2009年には、「ブレゲ・オ・ルーヴル」という伝説的な展覧会も開催された。

20世紀に入っても、ウィンストン・チャーチル卿がブレゲの懐中時計を愛用していたことがよく知られており、その時計は現在、ロンドンの帝国戦争博物館で公開されている。ブレゲの時計は、もはや文化資産でもある。それら懐中時計の時代のマスターピースを1980年以降、現代のブレゲは次々と腕時計の形に変えている。「クラシック」と呼ばれるコレクションはまさに同時代の生きた伝説である。

一方、極めて現代的な腕時計の誕生ストーリーも見逃せない。ブレゲ創業家の血脈は多才であり、5代目のルイ＝シャルル・ブレゲはフランスの歴史に名高い航空界の偉人だ。アメリカでライト兄弟が初飛行した4年後の1907年に、ルイ＝シャルルは世界初のヘリコプター飛行に成功。4年後には31歳で航空機メーカー「ルイ・ブレゲ社」を設立。1922年、ルイ・ブレゲ社の航空機に、ブレゲ社製航空機器の搭載が開始された。ルーツが同じ飛行機と時計のブレゲは、空の上で出会った。さらに1950年代、コックピット用クロノグラフ「タイプⅪ」「タイプⅫ」を製作し、フランス軍のミラージュ戦闘機も含め、世界15カ国採用のベストセラーとなった。この「タイプ」の名が、ブレゲが誇る腕時計のクロノグラフ「タイプⅩⅩ」に受け継がれるのだ。

ブレゲのベストセラー・ウォッチとなった「タイプⅩⅩ」の一族に連なる新鋭機「タイプⅩⅩⅠ」「タイプⅩⅩⅡ」は、一目置かれる腕時計だ。ちなみにロレックスには「エアキング」というパイロットウォッチがあるが、パイロット・クロノグラフはつくっていない。

実はブレゲにはもうひとつ、海の時計「マリーン」がある。圧倒的な高級感を誇る海の時計が、空の名品と対置される。ちなみに初代ブレゲは19世紀の復古王政下フランスで、時計づくりの最高位、フランス王立海軍時計師の称号を得ている。

海と空のナビゲーション、いわゆる航海術と航空術は一体を成すものだ。その両方でブレゲは最高のパフォーマンスとステイタスを誇るのである。

フランス海軍に納入された、
クロノグラフがルーツの名品

ケースサイズ：42㎜／ケース素材：チタンほか／ムーブメント：自動巻き

タイプXXI

「タイプXX」から始まる現代パイロット・クロノグラフの名品コレクションが誕生したのは、フランス政府の発注によるものだ。軍用機に採用されたコックピット・クロックで実績をあげ、軍の信頼厚いブレゲに対する要請は、ひとつの宿命であった。1954年、ブレゲはコードネーム「タイプXX」と呼ばれるクロノグラフを500本製作し、フランス空軍、テスト飛行センター、海軍航空部隊に納入。本来フランス軍パイロットのためのエクスクルーシブなモデル「タイプXX」は注目を一身に集め、ブレゲは民間用に転用したモデルの製作に踏み切った。そもそも軍用のスペックでパフォーマンスが非常に高く、全てがフライバック・クロノグラフ。計測対象の行動がリコールされたときに、一瞬のボタンのひと押しでリセット、そして再スタートを切ることができる。軍用パイロットにとっては非常に重要な機能を、現行の「タイプXXI」「タイプXXII」も標準装備している。

「資産価値」として、ロレックスに勝るとも劣らない

おすすめブランド—3

パテック フィリップ

売却しなければ現実化しない皮算用ではあるが、資産価値としてのロレックスは群を抜く。それでもロレックスと匹敵する数少ないブランドがパテック フィリップである。自ら最高峰と表明する自信に満ちたブランドであり、肯定する材料には事欠かない。

パテック フィリップは、場合によってはロレックスよりもはるかに評価される腕時計を擁する存在である。「コスモグラフ デイトナ」の話題性が先行しているが、実はいま最も品薄をいわれているのが、パテック フィリップの「ノーチラス」である。これは腕時計の業界ではよく知られていることだ。

パテック フィリップの魅力は、同時代のなかで抜きん出た技術力と、美術工芸品レベルの造形・仕上げの美しさである。実際、現在もスイス腕時計の頂点を極めるブランドと

して君臨するパテック フィリップの腕時計は、アンティーク市場でも別格の扱いを受け、オークションの花形でもある。

１８０年を超える歴史のなかで、常に最高品質のみを追ってきたブランドの腕時計は、希少で貴重な品なのだ。コレクターズ・アイテムの代表格であるパテック フィリップの腕時計は、市場への流通が要望に対して極めて少ない。稀に姿を現す過去を代表するような名品は、美術品に等しい扱いを受け、天文学的な価格が付くことも珍しくない。

過去の品をつぶさにみてみると、パテック フィリップは明らかに、時計を美術工芸品として捉えていたことが明白である。たとえば針一本をとってみても、一般的に行われていたように金属の板から型抜きしてつくったのではなく、多くは金の塊から削り出したものなのである。スイス時計の伝統は、緻密な手作業によって守られている。

王侯貴族、文豪、芸術家、科学者といった、世界の頂点に立つ人々に愛され続けてきたブランドの創業は、１８３９年5月1日。ロシア圧政下のポーランドで占領に抵抗した将校であり、後に亡命したポーランド貴族（シュラフタ）であるアントワーヌ・ノルベール・ド・パテックが時計師のフランソワ・チャペックとともに設立した。

アントワーヌは１８４４年、パリでひとりの時計師と遭遇する。ジャン・アドリアン・フィリップというその男は、画期的な機構の懐中時計を、同年に開催されたパリ産工業博覧会に出品、賞を獲得していた。

ジャン・アドリアン・フィリップは、パテックの事業に参加。その当時の常識だったゼンマイを巻き上げるカギに代わり、時計と一体になったリューズを採用した機構は翌年、パテックの特許となる。

この年に誕生したミニッツリピーター（音で時刻を知らせる複雑機構の最高峰）懐中時計をはじめ、卓抜な技術力はパテック フィリップの名を世に広めていった。チャペックが離れた会社は、１８５１年に正式に「パテック フィリップ」社となった。

ステイタスは別格である。２０１４年に東京で開催された「パテック フィリップ展～歴史の中のタイムピース～」は、時計に興味がない人の記憶にも、このブランドの名前を刻みつけただろう。

会場は、明治神宮外苑・聖徳記念絵画館。明治神宮が直接運営する特別なミュージアムで実現した異例のエクスポジションは、日本とスイスの国交樹立１５０周年、パテックフィリップ創業１７５周年にあたる年の、一度だけの特別企画だった。

厳選されスイスから空輸された展示品の中には、スイスから運ばれたヴィクトリア女王の伝説のペンダントウォッチや、オーストリア＝ハンガリー帝国皇妃エリザベート愛用の可憐なウォッチも含まれていた。

そうしたブランドにあって、「ノーチラス」や同じくスポーツモデルである「アクアノート」は、どちらかというと異色のモデルかもしれない。

パテック フィリップは、「カラトラバ」という１９３０年代から続くドレスウォッチの一大ロングセラーを擁している。なおかつコンプリケーション、グランドコンプリケーションといわれる複雑時計の世界でも圧倒的にほかをリードする。エナメル技法などスイスの伝統を継承し、美術工芸品レベルの時計を生み出し続ける存在でもある。

そもそもパテック フィリップは、英国ロンドンで開催された第１回万国博覧会で「時のヴィクトリア女王」の心を射止めたブランド。ときめく大英帝国の女王はその後、パテック フィリップ最初の上顧客になったというほどの伝説をもつ。

丸みを帯びた8角形のケースは、
マニア垂涎のスポーツウォッチ

ケースサイズ:40.8㎜ほか/ケース素材:ステンレススティールほか/ムーブメント:自動巻きほか

アクアノート

パテック フィリップの「アクアノート」は「ノーチラス」と並ぶ、憧れのスポーツウォッチだ。丸みを帯びた8角形のケース外観は、「ノーチラス」からインスピレーションを得て創作されたものであることを、ブランド自身も認めている。「ノーチラス」の誕生した1976年から遅れること19年、1997年に発表されると同時に大きな話題を呼んだ。「ノーチラス」は2022年末現在、ステンレススティール製の3針モデルが生産を中止し、幻の品となっている。一方、「アクアノート」にはステンレススティール製の3針モデルがあり、しかもブレスレット仕様でもラインアップされている。こちらも入手が難しいことに変わりはないが、カタログにはちゃんと掲載されている。コレクションのほとんどは、ブレスレットではなく「トロピカル バンド」仕様。牽引耐性、紫外線耐性に優れた、ラバーとは似て非なる、独自開発のハイテク・コンポジット素材を用いている。

音楽家のフランツ・リスト、作家のシャーロット・ブロンテやレフ・トルストイが顧客名簿に名を連ねる。世界的著名人に相応しい超一流のジュネーブ時計という、いまにつながるパテック フィリップの評価は、すでにこの時期に、ほぼ形成されていたのだ。

「アクアノート」は、そのブランドのスポーツモデル、しかもステンレススティール製というのであれば逆に希少性が高く、人気にならないわけがない。資産価値は圧倒的に高い。多機能モデルでもゴールドモデルでもなく、圧倒的に3針のステンレススティールモデルに人気が集中している。

ほかにはローズゴールドやホワイトゴールドのモデルもあるが、この状況が変わらない限り、「アクアノート」も手に入りにくいモデルであり続けるのは間違いない。

ある種、ロレックスよりも探しにくい腕時計であるかもしれないが、少なくともマラソンして買うような腕時計ではなく、そういう行為が一番似つかわしくない。それぐらいの「格」がある腕時計である。

手に入れてしまえば、圧倒的な資産価値はもちろんあるのだが、売ってはいけない。子どもの代、孫の代まで引き継ぐべきという意味での、価値ある腕時計である。

「サントス」なしには、ロレックスも生まれなかった

おすすめブランド―4

カルティエ

ロレックスは腕時計の未来を見据えて創業した、生粋の腕時計ブランドである。創業期は懐中時計から腕時計に切り替わる時代であり、懐中時計から移行した老舗ブランドに比して後発の部類にあたる。その意味で、ロレックスに勝る歴史と伝統がある名門ブランドの代表格がカルティエだ。

カルティエが世に送り出した、初めての近代的な腕時計の原型である「サントス」の誕生は１９０４年だ。ということは、ロレックスが「オイスター パーペチュアル」で名を上げるおよそ30年前のことである。

逆にいえば、「サントス」なしにはロレックスもありえなかっただろう。とはいえ、ロレックスの腕時計は、まったくといっていいほどカルティエに似ていない。ロレックスと

カルティエはそれぞれに根強いファンがいるのだけれど、この2ブランドがなかなか交わることがないことは興味深い。

カルティエの歴史が第一歩を記したのは、1847年のパリである。まだ20代のルイ＝フランソワ・カルティエはこの年、師匠のジュエリーアトリエを譲り受けた。ルイ＝フランソワの才能が花開き、認められるのにそう長くはかからなかった。

ナポレオン3世による第二帝政の治世下、カルティエのメゾンは、パリの社交界で注目を集める。1859年には当時の華やかさを象徴する街、イタリアン大通りに進出。皇族や宮廷の貴族ら、遂にはユウジェニー皇后を顧客に迎えることとなったのである。

時代のファッションリーダーでもあった皇后が愛顧するカルティエは、その周囲の高貴な男たちもまた魅了していく。

「その箱を見てごらん。リュ・ド・ラ・ペー（ラ・ペー通り）と書いてあるだろう？」マーガレット・ミッチェルの小説『風と共に去りぬ』で、レット・バトラーが未亡人スカーレットに贈る帽子に添えた殺し文句だ。

南北戦争当時のアメリカ南部で、パリを代表するモードの超一流店が並ぶその地名は、すでに魔法の言葉であったとして描かれている。未亡人に喪服を脱がせる決断をさせた店があるはずのその道、ラ・ペー通りは、オペラ座からオテル・リッツのあるヴァンドーム広場を抜け、フォーブル・サントノレのエリゼ宮に近いあたりに至る道筋だ。

広場を守るかのように手前のラ・ペー通り13番地にそびえるのが、１８９９年に移転してから3世紀をまたぐ、カルティエ本店の壮麗な店舗である。

その後ニューヨーク支店、ロンドン支店が開設され、顧客にはイギリスのエドワード7世の名前が書き加えられる。皇太子時代にカルティエを「王の宝石商にして、宝石商の王」と賞賛した英国王の御用達は、後に各国15王室の御用達店となる先駆けだった。

現在の「サントス」は20世紀初頭、パリで絶大な人気を誇った飛行家アルベルト・サントス＝デュモンのために、初代ルイ・カルティエが製作した腕時計が原型である。ブラジルの富裕なコーヒー農園主の家に生まれたサントス＝デュモンは、その莫大な遺産を空に費やした冒険家だ。

ハバナ葉巻のような飛行船が、エッフェル塔すれすれを横切る不思議なモノクロの画像は、航空史関連の書籍でお馴染みの写真だ。その操縦士で、飛行船の発明者でもある男こそがアルベルト・サントス＝デュモンである。

それは高額の賞金が懸けられた、エッフェル塔周回レースへの挑戦だった。レースで優勝して、一躍パリの英雄となった飛行家は賞金の一部をスタッフに渡し、残り全部をパリの困窮者のために寄付。その後、発明されたばかりの飛行機に乗り換えることに決めた。

その彼が友人の宝石商ルイ・カルティエに、飛行中に時計をいちいちポケットから出すことの不自由を相談した。これに応えてカルティエは、初めての腕時計を製作した。空で必要だという冒険家の希望が、腕時計の形に結実したのである。

偉大な飛行家に渡された腕時計は、1911年にカルティエの製品として一般に販売されることになった。カルティエは腕時計の可能性を確認し、近代的な腕時計製造・販売の歴史は、こうして本格的に始まったのである。

ちなみにカルティエはいままで、2度だけ腕時計に人の名前を付けている。それがサントス＝デュモンと、彼のために腕時計をつくったルイ・カルティエである。
２０１０年以降、カルティエは自社製ムーブメント搭載の腕時計を定番に加えた。世界的ジュエラーでありながらマニュファクチュールであり、時計好きの男ならば決して目を離すことのできないグランドメゾンという、稀有な存在が顕在化した。

その一方、「サントス」をはじめカルティエの腕時計は、ただ実用的なだけではない腕時計の存在意義を主張し続けている。

角形のフォルム、整理された幾何学的なデザインに代表されるモダニズムは、アールデコの時代を先取りしたものだ。カルティエは、自身がその流行の震源でもあった芸術とデザインの潮流であるアールデコに、それらの腕時計を位置付けた。

ロレックスが、もっぱら腕時計の機能を拡張していく役割を引き受けたようにみえるのとは対照的だ。２つのブランドの歩みは交わらないのであるが、それは両方とも腕時計の発展に力を貸したものであるといえるだろう。「サントス」は腕時計の２つの流れの片方の巨頭であり、ロレックスに先行した歴史の証人なのである。

最初のモデルから100年を超え、いまも新作を生むコレクション

ケースサイズ:39.8㎜ほか/ケース素材:18Kピンクゴールドほか/ムーブメント:自動巻きほか

サントス ドゥ カルティエ

カルティエ「サントス」のオリジナルは、初めての近代的な腕時計と位置付けられる歴史的な品だ。しかも最初のモデルから100年以上を超えて、いまも魅力的な新作を生み出すコレクションは、腕時計界の奇跡といってもいい。初めてつくられた20世紀初頭、懐中時計にブレスレットを付けるのではなく、はっきりと腕時計を志向した。丸みをもたせた角形の文字盤や、なだらかな曲線を描くラグ、ビス、ローマ数字インデックス等、その後のカルティエの腕時計に継承される多くの特徴をもっていた。しかも誕生から１世紀を超えても、そのデザインはまったく古びてみえない。「サントス」はその後のカルティエ・ウォッチの先駆として、アールデコの時代を予言した存在ともいえる。ただの機械ではなく、それ自体が工芸品である。アートとインダストリアルの界面にあるものとして確定することに、カルティエは大きな役割を果たした。その象徴的なモデルである。

おすすめブランド―5

タグ・ホイヤー

モータースポーツ界では、互角の知名度を誇る

ロレックスは、腕時計にさほど興味がない人でも、その名前を知っている。そういったポピュラーな知名度というのは置き換えるのが難しいが、たとえばタグ・ホイヤーはそうした存在であるだろう。

タグ・ホイヤーの名前とロゴには、世の中の至るところで出会う。とくにモータースポーツの世界では、両者の知名度は互角だ。その上で「モナコ」のような有名な腕時計の〝顔と名前〟が一致する。角型クロノグラフといえば、まず思い浮かべる腕時計である。ロレックスには、似たモデルが存在しない。

タグ・ホイヤーの創設は、1860年、スイスのサンティミエに時計工房を建てたエドワード・ホイヤーによる。その後、69年にリューズ式のポケットウォッチを開発し特許を

取得、さらに1882年にホイヤー初のポケットウォッチ型クロノグラフを開発し、こちらでも特許を取得する。

そして、89年には世界初のスプリット機能付きポケット・クロノグラフをパリ万博に出展し、見事銀賞を受賞した。20世紀に入ると、2人の息子が後を継ぎ、1916年に100分の1秒を計時できるストップウォッチを開発したのである。

当時は誰も予測できないほどの高性能で、その後、1920年のアントワープ・オリンピックから、パリ、アムステルダムと立て続けに3度のオリンピックで公式計時を担当することになった。スポーツの発展とともに、タグ・ホイヤーも成長してきたといえる。

タグ・ホイヤーの歴史は、スポーツマンからの共感、プロフェッショナルからの信頼の積み重ねだった。

世間にスポーツウォッチを名乗る腕時計は数多く、その存在証明のために各種のスポーツイベントやチーム、選手個人へのスポンサードを行うメーカーは珍しくない。が、そのなかでもタグ・ホイヤーが受けている支持は特別である。

タグ・ホイヤーにおいては、スポンサードするスポーツ選手だけでなく、そのファンたちが愛用する腕時計もまたタグ・ホイヤーであることが多い。あたり前のようで現実では少ない現象が、当然のように実現されているのである。

宣伝のためのみにスポーツイベントを利用するのではなく、自らの使命と義務を進んで果たすかのように、スポーツとタグ・ホイヤーは自然な関係を保っている。世界的スポーツイベントの公式計時メーカーは入れ替わりが激しいが、タグ・ホイヤーのようにF1を経験し、海のF1＝アメリカズカップ（1967年）やFISアルペンスキー・ワールドカップなどでもオフィシャルを務めた経験は、やはり稀だろう。

カーレースとタグ・ホイヤーの縁は、切っても切れないものがある。1969年、自動車関連企業以外では初めてフォーミュラ1のスポンサーとなった企業であり、腕時計とF1の関係を築いた先駆者である。

1971年には、フェラーリとその後9年間にわたる技術提携も締結した。フェラーリのドライバーをはじめとして、1970年代の名レーサーたちはこぞってホイヤー・ウォッチを愛用した。

日本では、天才F1レーサー、アイルトン・セナとともに、80年代半ばに大ブレイク。

テレビでも高視聴率をマークしたF1で最も活躍していたセナは、彼を支援するタグ・ホイヤーとともにその名を知らしめた。

現在では世界3大レースの一角と呼ばれるインディ500とのパートナーシップを結ぶ。また、電気自動車のみでのシングルシーター選手権である、ABB FIAフォーミュラEの設立パートナーであり、公式タイムキーパー。しかも「タグ・ホイヤー ポルシェ フォーミュラEチーム」が参戦中だ。また、2016年以来、「オラクル・レッドブル・レーシング」F1チームの公式パートナー兼タイムキーパーであることもよく知られる。

タグ・ホイヤーがその名を授かったモナコとの関わり合いは、運命的だ。モナコはいうまでもなく、F1レース唯一の公道レースであるモナコ・グランプリの開催地である。タグ・ホイヤーはその花形レースと、特別な契りを結んでいる。

現在、F1の公式パートナーであり、公式計時を担当しているのはロレックスである。レースコース上のバナー広告を掲出できる腕時計ブランドは、ロレックスに限られるはずだ。しかし、モナコ・グランプリだけは事情が異なり、なぜかタグ・ホイヤーの広告も掲

独創的な角型フォルムは、
世界初の自動巻きクロノ

ケースサイズ：39㎜／ケース素材：ステンレススティールほか／ムーブメント：自動巻き

モナコ

「モナコ」には半世紀以上の歴史があり、その伝統はタグ・ホイヤーそのものの財産である。この角型自動巻きクロノグラフが登場したのは、機械式のクロノグラフに初めて自動巻きムーブメントが誕生した1969年のことだ。スイス時計業界の悲願である発明を競い、複数のメーカーによる２つの開発グループが、相次いで１号機を誕生させた。その一方を担ったのが「クロノマティックキャリバー11」を開発したタグ・ホイヤー（当時は“ホイヤー”）らである。連衡した企業グループが共同で開発した画期的なムーブメントを、タグ・ホイヤーは、ありえないような角型のケースに入れた。「モナコ」には、世界初の自動巻きクロノグラフ腕時計という勲章もあるのだ。スティーブ・マックイーンは1971年の映画『栄光のル・マン』でレーサーを演じるにあたって、ホイヤーのクロノグラフを腕に着け、スポンサードロゴが入ったレーシングスーツを着たことも有名だ。

出され、大型モニターにもブランドネームが躍る。

実はタグ・ホイヤーは、F1モナコ・グランプリの主催者であるモナコ自動車クラブ（ACM）とのパートナーシップによる〝モナコGP公式パートナー〟なのである。コース上には、強大な権限をもつACMの独自管轄部分があり、そこではタグ・ホイヤーが逆に独占的に広告を掲出する。

F1界でも極めて異例の光景は、タグ・ホイヤーとモナコの絆の象徴だ。ちなみに2年に1度、F1モナコGPと同じサーキットで開催されるクラシックの祭典「グランプリ・ドゥ・モナコ・ヒストリック」も、タグ・ホイヤーのみせ場である。70、80年代のF1マシンが出場する、時を超えたこのレースで勇姿をみせるのは、タグ・ホイヤーも一緒である。タグ・ホイヤー自体もまた、スピードスターだといってもいい。

かつて、トップレベルのレーサーたちが身に着ける腕時計は、英雄に憧れる若者たちを魅了した。現在においても伝説は不朽であり、そういう意味で、ロレックスとタグ・ホイヤーは並び立つのである。

やんちゃぶりが楽しい、ロレックスの〝弟分〟

おすすめブランド―6

チューダー

ロレックスが買いづらい状況下で、直接的に代替案を考えるとしたら、真っ先にチューダーの名が浮上してきて当然だ。何しろチューダーはロレックスの一部門と誤解されることもあるほどで、同じ経営母体がもつブランドであり、傾向の似た腕時計を含むラインナップをもっている。

どんなにロレックスに似た腕時計をつくっても、真似といわれないのはチューダーだけである。そういう意味でも「ブラックベイGMT」は注目モデルである。ロレックス「GMTマスター」の対抗馬として考えたら、アメリカ人がいうところの〝ペプシ〟もあるし〝ルートビア〟もある。

そもそも、チューダーは日本で正式販売がなかったという、不思議な経緯をもっているブランドだ。かつて、世界最大の時計見本市として開催されていたバーゼルワールドでは、ロレックスと隣接してメインの1号館1階の一等地に、広大なブースを構えるブランドでもあった。日本では不在であることが、むしろ不自然だったといってもいいだろう。

海外では普通にあることなのに日本では常識ではない、ということの象徴でもあって、2018年の日本本格上陸は、世界的アーティストやサッカーの有名クラブの初来日にも似たような、高揚するできごとだった。腕時計のニュースという以上にシンボリックな事件として記憶されるだろう。それぐらいの大物ブランドである。

日本で遂に本格展開を開始したとはいっても、実は日本には旧勢力とでもいうべき「チュードル」の根強いファンたちが存在していた。正式展開はしていないものの、オールドモデルを購入していた彼らは、このブランドのことをフランス語読みの「チュードル」と呼んでいたのである。

1970年代に、チューダーはシンボルマークを現在と同じ盾のモチーフに定めた。しかし「チュードル」のファンたちは、それ以前のオールドモデルの文字盤にあるバラの花の大きさから、〝デカバラ〟〝チビバラ〟というような符牒で呼ぶような、ひとつのアングラの文化をつくっていた。

その意味ではロレックスと同様に「ひとつのブランドだけで世界観を閉じている」存在なので、まずは店頭でできる限りのモデルをみることが肝心だろう。

他人の意見を聞くのも、ジャーナリストの助言も、その後でもいい。いままで地下に潜行していた隠れチューダーファンの意見が噴出してきてもいるので、惑わされることなく、まずは自分の目で確かめるべきだろう。


そもそもチューダーの名前は、イギリスの王朝のひとつであるチューダー朝に由来するといわれている。だとすれば英語読みのほうがしっくりする。

正統な〝チューダー〟としてのブランドが成立し、日本での展開を始めてきたことで、違う層がこのブランドを支えてくるようになったのが現在である。

比較的若い層がこれからのチューダーを支持していくだろう。ロレックスも買いたいけれども、それよりも、すぐにでも手が届く価格のところにあるチューダーの腕時計に好感を抱くかもしれない。

この先も世界的に品薄になるモデルが出てくる可能性はある。モデルによっては爆発的な人気になりうるし、その需要に対して在庫が潤沢に確保できるとは限らない。

コロナの終息具合によってはインバウンドでの人気再燃も考えられ、販売店が外国人観光客で賑わうこともあるだろう。チューダーは、この先も「新しい腕時計ファン層を掘り起こす」可能性が高い存在だ。

古い話でしかも別ジャンルの話だが、かつて日産フェアレディZが米国で大人気になった時代がある。背景には、当時アメリカ製のスーパースポーツカー「シボレー・コルベット」が君臨していたところに乗り込んで、若い層の心をつかんだという事情があった。チューダーにはそれに似た期待感が抱ける。ロレックス最大のライバルといっても過言ではないだろう。

同じGMTモデルであっても、チューダーの方が価格設定もやさしいし、しかも、手に入る可能性は高い。そして、内容的には決して遜色はない。違うムーブメントが搭載されているといっても、非常に定評のある機械が採用されている。

ロレックスの購買層よりももっと若く、思い立ったらすぐ買いに走る。そんな行動の早い腕時計ファンには絶好の存在なのだ。

ブランドのアンバサダーに神のごときスーパースター、デビッド・ベッカムがいることも忘れてはならないだろう。ラグビーニュージーランド代表のオールブラックスも、まるごとチューダーのアンバサダーである。

必ずしもロレックスと競い合うようなラインばかりではなく、完全にチューダーにしかない、オリジナルのラインも充実している。カラフルなモデルもあり、兄貴株のロレックスより、チューダーのやんちゃぶりが楽しい。

現在もすでにそうだが、選択肢の多様さもチューダーの魅力である。同じ軀体に対してメタルブレスレット、革ストラップ、ファブリックが選べることが多い。ロレックスが買えるとしてもチューダーを選ぶというのも、賢明な判断なのだ。

50年代のオリジナルを再解釈、
GMT&ダイバーズの傑作

ケースサイズ:41㎜/ケース素材:ステンレススティールほか/ムーブメント:自動巻き

ブラックベイ GMT

「ブラックベイ」はチューダーを代表するダイバーズ・ウォッチだ。1950年代のオリジナルを再解釈したモデルが、2013年に権威あるジュネーブ・ウォッチメイキング・グランプリ（GPHG）で「リバイバル」賞を獲得するなど、評価も人気もとどまることを知らない。そのコレクションに連なる、ローカルタイムに加えて２つのタイムゾーンの時刻を表示するGMT機能搭載モデルが「ブラックベイ GMT」だ。アイコンとなるのは「スノーフレーク」と呼ばれる、1970年代にフランス海軍で使用されていたチューダー製腕時計から採られた、特徴的なスクエアを先端にもつ針。通常は短針と秒針に用いられるが、このモデルでは24時間かけてダイヤルを１周する細長いGMT針のデザインにも用いられている。ダイバーズがベースであることから、200m防水のハイスペックであり、独自に設計された自動巻きムーブメントは、COSC認証クロノメーターの精度を誇る。

ロレックスを超える、「一目瞭然」の圧倒的な認知度

おすすめブランド―7

フランク ミュラー

多少、下世話な話にはなるが、自分が着けている腕時計を褒められるというのは、少なからずプライドをくすぐられるものである。

ロレックスのモデルの全般がそうであるが、多少地味なラインナップのものであっても、知名度から視認され、ブランドが認知される度合いは極めて高い。それを褒められるのは悪い気はしないものだ。

同じようなことを視点として考えてみると、ロレックスと同じぐらい気づいてもらえる度が高い、またはそれ以上かもしれないのが、フランク ミュラーの腕時計である。

少なくともフランク ミュラーの代名詞ともいえる「トノウ カーベックス」のフォルムは、なかなかに間違われないどころか、ひと目でそうとわかってもらえる確率が高いだろ

う。さらに文字盤が「クレイジーアワーズ」、つまり数字がランダムに並ぶ、あの謎めいたレイアウトであれば、もうこれは間違いなくフランク ミュラーだということになる。「いい時計していますね」といわれてくすぐったくなる瞬間が、フランク ミュラーでは多い。これは、フランク ミュラーが日本で大きなマーケットを獲得したひとつの理由ではないだろうか。何よりその腕時計は目立つ、目立たないというよりも「わかる、わからない」のレベルで圧倒的に優れているのである。

実際、この「トノウ カーベックス」はフランク ミュラーの大発明でもあるが、古典的フォルムの発展系でもある。トノウは樽型の意味で、平べったい樽型の腕時計は、1910年代からすでに存在していた。しかしながら、フランク ミュラーがつくったのは、表裏に湾曲をかけ、斜め軸にも湾曲させるカーブの凸型（ベックス）、つまり極めて3次元的なカーベックスである。

非ユークリッド幾何学的な曲面フォルムは、地球を切り出したようにもみえる。明らかにひとつの発明だ。ただの樽型は、グラマラスにボリュームを得て、そしてセクシーな腕時計に変貌した。これはまったく、フランク ミュラーの独創といっていい。

ただファッション性が高いだけの時計というわけではない。それはブランドを率いるフランク・ミュラー本人が、凄腕の時計師であることからも明らかだ。

天才時計師フランク・ミュラーが、初めて自らの腕時計ブランドを立ち上げたのは、1992年のことだ。

100年を超える老舗が珍しくないスイス高級時計の世界では、ありえないほどの短い期間での成功。その背景には誰も見たことのない斬新なデザインがあり、また一方では複雑時計の超越的な構想と技術がある。鮮烈なデビューから30年、まだその物語は紡がれ続けている。

フランクは1958年、スイス人の父とイタリア人の母に生まれた。生地はスイス・ヌーシャテル州の時計の街ラ・ショー・ド・フォン。10代で転居したジュネーブの家は、有名な骨董市が立つプランパレ地区にあった。

彼の興味と適性は進学した名門ジュネーブ時計学校で花開き、首席で卒業した。しかもその時計学校の卒業時の製作で、ロレックスの通常モデルを、複雑機構の永久カレンダーに魔改造したというエピソードすらもっている。ロレックスとも、不思議な縁がある。

ブランドが立ち上がった1992年、フランクは当時、最高峰の高級時計の祭典SIHH（ジュネーブ・サロン）に初登場した。そのときまでの彼は、博物館が収蔵する歴史的逸品の修復エキスパートとして、玄人筋でのみ知られる存在だった。

10を超える有名ブランドが自社の名前で発表する複雑時計を、実際につくる匿名の作者。ハイエンドの蒐集家の注文にのみ応じて、一点物の時計を製作する凄腕の時計師。伝説の存在が初めてベールを脱いだ。メディアは新しいスターを放っておかず、世界的なセンセーションを巻き起こした。

その年は、〝世界で最も複雑な機構〟と呼ばれた「キャリバー92」＝クロノグラフとパーペチュアルカレンダー、トゥールビヨンを搭載した超絶レベルの複雑時計を、彼が製作した年でもある。日本ではあまり語られてこなかったが、フランクは超絶技巧をもつ独立時計師たちが集う〝時計アカデミー〟＝AHCIの初期からのメンバーである。

「クレイジー アワーズ」は数字がランダムに文字盤に並んでいる腕時計である。そして

時間の意味を問い直す腕時計は、デフォルメされた樽型フォルム

ケースサイズ：縦48.5×横35㎜ほか／ケース素材：18Kピンクゴールドほか／ムーブメント：自動巻き

トノウ カーベックス クレイジー アワーズ

フランク ミュラーの独創である「トノウ カーベックス」のフォルムとクレイジーアワーズの機構、両方を具備したモデル。アールデコの黎明期前後に誕生した樽型のデザインはひとたび廃れていたが、1980年代にフランク ミュラーが見直して復活。ブランドのアイコンとして世界的に評判となり、現在に至る。ガラスが湾曲し、ケースバック側では手首に沿うような曲面を描く。造形は、アールデコの平面構成に範を採りながら、２次元の設計を３次元のデザインに一変させた。文字盤中心から曲面上を放射状に延びる数字は末端を拡大し、鵞ペンで書いたようなアラビア数字を躍動的な“ビザン数字”に昇華させる。クレイジーアワーズの機構では、時間は円運動で表さず、時針は１時間ごとに彼方に飛ぶ。正確な計時装置でありながら、時間が一直線の方向に進行することを認めずに、時間感覚を再設定する。単なる奇想を超えて、時間の意味を問い直す腕時計だ。

毎正時＝59分から0分に変わる瞬間に、時針は、正しいアワーマーカーの数字に飛ぶ。古典的な機械式時計のテクニックであるジャンピングアワーの大胆な展開だ。しかも、誰かが文字盤だけを真似ようとしたとしても、この機構なしでは腕時計の用をなさなくなるのである。

数字自体もビザン数字と呼ばれる、数字を文字盤いっぱいにディストーションする独特のフォント。アールデコ・スタイルのフランク流のデフォルメである。どこまでもふざけているようで大真面目である。その大真面目をユニークな姿、楽しい形で展開できる。これは彼の図抜けた才能であり、フランク ミュラーの腕時計を所有することは、天才へのリスペクトだ。少なくともロレックスが買えないからという理由には思われようもない、まったく性格が違う魅力である。

どちらも目立つし、どちらも優れている。カテゴリー別のトップとして、フランク ミュラーは「いい時計していますね」の条件を満たすのである。

サッカー界への貢献がウブロのイメージを定着させた

おすすめブランド｜8

ウブロ

ロレックスが尊敬を集めるブランドである理由のひとつとして、文化や芸術、スポーツ等の世界での、さまざまなスポンサーシップによる貢献が挙げられる。

ロレックスの腕時計を所有することは、そうした活動への共感を意味し、少なからず誇らしい。そしていま、同じ共感を色濃く受けつつあるブランドがウブロである。

ウブロはそもそも、20世紀までは「王の時計」という別名が似合う、ＶＩＰ御用達の腕時計という位置付けがあった。１９８０年にスイス・ニヨンでＭＤＭ社として創業したウブロが頭角を現した理由は、素材を組み合わせる異能の冴えだ。

創業早々にバーゼルで発表された「ラバーストラップのゴールド製腕時計」はセンセーショナルだった。船の舷窓を意味する商品名「ウブロ」は、後にブランドの名前になる。

伝説が誕生するのも早かった。最初の顧客はコンスタンティノス2世である、というのが通説だ。軍事クーデタで国を追われた元ギリシャ国王は、スペインのファン・カルロス国王へのプレゼントと自分用として、2本を購入したという。

頑丈で防水性に富む一方、エレガントで稀少。アンビバレンスの魅力は、スポーツに秀でて、しかも贅沢に慣れたような恵まれた人種には矛盾しなかったのだろう。2人の王はともにヨットの五輪代表でもあり、ギリシャ元国王は金メダリストである。

後にスウェーデン国王、モナコ大公を購入者名簿に加え、ウブロは名実ともに王の時計と呼ばれるのが相応しいステイタス・ウォッチになった。

2004年、そうしたスノッブな評判をまとう方向性は、ブランパンを再建した腕時計界の人気者ジャン＝クロード・ビバーがCEOに就任し、一変した。翌2005年に発表したスポーティな新モデル「ビッグ・バン」が、世界規模の大ヒットとなった。

「ビッグ・バン」のファーストモデルでは、ステンレススティールのケースにセラミック（酸化ジルコニウム）のベゼルをあわせた、意表を突く素材使いが話題をさらった。

さらに、ブランドの頭文字Hを象ったビスはチタニウム、シースルーバックからみえるブラックのローターはタングステン製。ソリッドなフォルムに、レアメタルを含む新素材を惜しげもなく駆使する作風は、腕時計デザインのパラダイムを引っくり返した。

その独創性は、腕時計をみる目の肥えた人々にも、初めての衝撃を与えたのである。「ビッグ・バン」はウブロのフラッグシップとして、現在に至るベストセラーとなる。


サッカーとの関係で世界的に知名度を上げ、サッカーファンの熱い支持を集め始めたのがその時期である。ウブロ＝サッカーという関係性は、サッカーファンの頭の中では強固な記憶であり、もう誰も崩すことができない。

「ビッグ・バン」のデビュー翌年、ウブロは自国スイス代表サッカーチームのパートナーになった。その４年後の２０１０年、今度はＦＩＦＡワールドカップの公式パートナーとして、突然ピッチのスターに躍り出たのである。

ウブロがワールドカップで演じた役回りは大変なものだ。ウブロの名はレフェリーボードに掲出され、選手交代やロスタイムの掲示ごとに、観客はその名前をみることになった。

とくにテレビ放送での露出度は大変なものだった（ちなみに２０１８年のワールドカップロシア大会では、世界で推定35億７２００万人がテレビなどで観戦したと発表されている。これは世界の４歳以上の総人口の半数以上にあたる数字である）。

こうして人々は、ウブロの文字をみることになった。発音しないHで始まりTで終わるブランドネームを誰もが心に刻むことになった。ちなみに、２０１０年のワールドカップはアルゼンチンの〝神の子〟マラドーナが初監督として臨んだ大会。両腕にウブロの腕時計を着けたマラドーナを我々はその後、何度も目にすることになる。

その同じ年、ウブロは自社製ムーブメント「ＵＮＩＣＯ（ウニコ）」を完成させ、マニュファクチュールとしての体制も万全となった。

現在でもウブロは、ＦＩＦＡワールドカップ、ＦＩＦＡ女子ワールドカップのオフィシャルタイムキーパーを務めている。ＵＥＦＡ男子サッカーの主要大会である〝ＵＥＦＡ ＥＵＲＯ〟、ＵＥＦＡネーションズリーグ決勝、ＵＥＦＡチャンピオンズリーグ、ＵＥＦＡヨーロッパリーグとＵＥＦＡ女子サッカーの主要大会（ＵＥＦＡ女子ＥＵＲＯ、ＵＥＦＡ女子チャンピオンズリーグ）のオフィシャルウォッチでもある。

世界の主要なサッカークラブとの関係も広く、ユヴェントスＦＣ、チェルシーＦＣ、Ａ

FCアヤックス、SLベンフィカ、ボカ・ジュニアーズなどのオフィシャルタイムキーパー、オフィシャルウォッチでもある。さらにはアンバサダーとして、スーパースターのエムバペ、2022年末に亡くなった偉人、ペレの名前が挙がる。

ウブロは必ずしもサッカーにだけ注力しているわけではなく、テニス、スキー、陸上競技やミュージックシーンにも積極的に関与している。だとしても、世界共通の言語ともいえるサッカーの世界でのウブロのプレゼンスは絶対的だ。

ウブロはサッカーの味方というイメージを完全に身につけた。2022年、日本と世界を熱狂させたワールドカップでも、ウブロがオフィシャルタイマーを務めている。

メセナに対しての共感は、必ずしもストレートには生まれないものだ。それが文化支援であれ慈善であれ、その協力関係はしばしば宣伝、偽善との揶揄を受ける危険を孕む。しかしながら、自国のチームの応援から始まり、やがて世界に目を向けたウブロによるサッカーへの貢献は、誰も疑いようがなく、その腕時計へのシンパシーを強めるのである。

ハイテク素材が冴えわたる、
ウブロを象徴する最新鋭機

ケースサイズ：42㎜／ケース素材：セラミック／ムーブメント：自動巻き

ビッグ・バン ウニコ UEFA チャンピオンズリーグ™

ウブロがオフィシャルウォッチを務める、欧州サッカー連盟（UEFA）主催のUEFAチャンピオンズリーグとのコラボレーション。ウブロ不動のフラッグシップモデルである「ビッグ・バン」に、100％自社製クロノグラフ・ムーブメントであるUNICOの新鋭機ウニコ２を搭載。クロノグラフの作動を司るコラムホイールを、ダイアル側から眺めることのできるユニークな構造。72時間のパワーリザーブ等の特徴を受け継ぎ、しかも薄型化した最新鋭機だ。文字盤９時位置のスモールダイヤルが、チャンピオンズリーグのビジュアルロゴを象った、透し彫りになっている。ケースはマイクロブラスト仕上げのセラミック製。ジルコニウムをベースとし、極めて硬く、ダイヤモンド以外では、ほぼ傷の付かない素材であるハイテクセラミックを使用。ケースカラーもチャンピオンズリーグを象徴するブルー。鮮やかな発色が難しいセラミックを自在に操るウブロの技術が生きている。

何代も受け継がれるだろう、普遍的な価値とデザイン

おすすめブランド 9

オーデマ ピゲ

「ロイヤル オーク」をここで挙げることには、反発が上がるかもしれない。それはロレックスのスポーツモデルと同様に、「ロイヤル オーク」はいま手に入らない腕時計の代表的なモデルであるからだ。しかし、すぐに買うことができないとしても、ロレックスと比較検討するのであれば、外すわけにはいかない。

いま買えないにせよ、そのときのために考える必要がある。それだけ気の長い話であるのは、この腕時計がもっている普遍的な価値とデザインが理由だ。「ロイヤル オーク」は子どもが間違いなく受け継いでくれる腕時計。それはロレックスとの共通点でもある。

実際のことをいうと、小さな子どもには腕時計の価値というのはなかなかわからない。親が着けている腕時計に憧れはあるとしても、直感以上の根拠はない。実際に腕時計デザ

インのよし悪しがわかってくるのは、目が肥えた大人になってからのことだろう。

そのとき初めて「ロイヤル オーク」をもっている父や母は、遡っての尊敬を受ける。そのロイヤル オークは、間違いなく子どもが、望んで受け継いでくれる。

オーデマ ピゲの名前とその腕時計に特別な反応を示すファンは、以前から少なくない。それは特権的な地位にある現在と、敬意を払われるべき過去の歴史があるからだ。


オーデマ ピゲは１８７５年、ジュウ渓谷ル・ブラッシュに誕生した。ヴァレー・ド・ジュウの名で時計関係者に知られるジュウ渓谷の存在は、スイス時計の奇蹟といってもいい。小さな湖を囲む人口１万人にも満たない山間部に、世界的ブランドと凄腕の時計師らがひしめく。

最高の複雑時計を含む高級機械式時計のゆりかごの地で、オーデマ ピゲはなお仰ぎ見上げられるブランドである。創業者はジュール＝ルイ・オーデマとエドワール－オーギュスト・ピゲ。２人の名を合わせたブランド名は、19世紀から一度も、この地と創業家の手を離れたことがない。

独立を守る孤高のブランドは、独創もまた不可侵である。創業者の２人は〝伝統と革新の調和〞をポリシーとして、ジュウ渓谷の先人たちが遺した成果を磨き上げ、新しい風を吹き込み続けた。とくに複雑時計での画期的な成果は、ほかに並ぶものがない評価をオーデマ ピゲに与え、ブランドの永続を保証する。

ただ齢を重ねるのではなく、130年以上を前進し続けた歴史は、オーデマ ピゲの居場所を天上に押し上げたのである。

とくに複雑時計への志向は、1892年に初のミニッツリピーターを完成させて以来、オーデマ ピゲの不文律だ。

その技術力は20世紀に入り、世界最小の5ミニッツリピーターのムーブメントで世界を驚かせ、世界で最も薄い1・64ミリ厚の腕時計と、常に先頭を走った。

さらには2・45ミリ厚の自動巻き永久カレンダーのキャリバーや、自動巻きトゥールビヨンを5・5ミリ厚のケースを収めるような離れ業をやってのけた。

技術で歴史を拓いたブランドは、デザインで腕時計に革命を起こした先駆者でもある。

1972年に初代モデルを世に出した「ロイヤル オーク」は、現在まで人気の続く超べストセラーとなっている。

「ロイヤル オーク」はそもそも不世出の腕時計デザイナー、ジェラルド・ジェンタによる作品である。そしていわゆる〝ラグスポ〟、ラグジュアリー・スポーツの祖ともいわれる。その定義が「高級ブランドがつくったステンレススティール製のスポーツウォッチ」ということであれば、間違いなくその元祖ともいえるだろう。

つまりは、ゴールド製以外の腕時計などつくりそうにないブランド発のスポーツウォッチは、ここから始まったのである。

そしてこれ以後、スポーツウォッチはゴールド製のドレスウォッチの下に置かれるものではなくて、対等、ときにはむしろそれ以上の価値をもつようになった。デザインに優れて性能が高いことが、腕時計の普遍の価値として認められたからだ。

腕時計は決して貴金属の目方で価値が決まるものではない。ただの機械ではないし、ただの貴金属製品、ただのアクセサリーではない。だからこそステンレススティール製の腕時計が、ゴールド製の腕時計よりも評価が高いという逆転現象すら起きるのである。

もうひとつ、「ロイヤル オーク」の価値を述べるならば、オーデマ ピゲがいまも変わ

希代のウォッチ・デザイナー、
ジェラルド・ジェンタの代表作

ケースサイズ:41㎜ほか
／ケース素材:ステンレ
ススティールほか／ムー
ブメント:自動巻き

ロイヤル オーク オートマティック

「ロイヤル オーク」は、世界の腕時計に革命的なインパクトを与えた歴史的名品である。1972年、“ラグジュアリーな防水スポーツウォッチ”という当時では未知のコンセプトが、世界で初めて登場した。オーデマ ピゲの高級腕時計がステンレススティール製であることも、理解の範囲を超えていた。しかし希代の時計デザイナー、ジェラルド・ジェンタの代表作は、時計史に残るベストセラーとなり、そのコンセプトは腕時計界共通の常識となった（防水性を高めた「ロイヤル オーク オフショア」は1993年にリリース）。「ロイヤル オーク」不動のデザインモチーフはビス留めされた８角形ベゼル、スクエアのモティーフが連続する文字盤のタペストリー・パターン。力強さと美的バランスを兼ね備える腕時計は、そうはない。「ロイヤル オーク」は、変わらない評価と人気のまま、50年を超えるベストセラーとしてスポーツウォッチの世界に君臨し続ける。

らず家族経営のブランドであることだ。

少なくない数の著名な腕時計ブランドが、1970年代のクォーツショックをまたいで大同団結、または吸収や業務移譲をして形を変え、それが現在に至っている。

オーデマ ピゲは、そうした団体行動の規範をもたない。自分たちが好きな時計だけをつくっていくことを、創業以来続けているのである。いまでもオーデマ ピゲの役員名簿には、創業者の苗字が載っている。


そしてオーデマ ピゲは、ヴァレー・ド・ジュウの地をいまも離れることはない。自然光を採り入れる大きな窓に向かった作業机で仕事をする時計師たちは、時折ルーペをはずして外をみやり、目を休める。そこには緑の草原と、ジュウ湖の湖面がある。

最大の自然と最小のストレスが保証された山間の地は、視力と集中力を酷使する時計師にとって、絶対に離れがたい桃源郷である。時計の都ジュネーブに支社を置きながらも、オーデマ ピゲの本社は3世紀をまたぎ、この地を離れたことがないのである。

スイス時計の魂を宿す、尊敬おく能わざるスイス・ブランド。オーデマ ピゲの腕時計は、何代でも引き継がれる価値がある。

おすすめブランド10

セレブリティからの信頼度では、一歩も譲らない

シャネル

もしも、シャネルにウイークポイントがあるとするならば、それは着ける人を選ぶのではないか、と思わせがちということだろう。何よりモードブランドの製品は、どれをとっても似合うことを要求するし、似合わない者を否定するのではないか、と。

実際はどうあれ、品格にはつきものの敷居の高さが、シャネルにはある。ロレックスが万人に開かれ、似合わなそうな人間も欲しがる性格とは対照的である。そうした意味で、シャネルはロレックスの好敵手であり、「J12」はその代表ということになるだろう。セレブリティには「J12」がよく似合うのだ。

「J12」はシャネルが2000年、本格的に男性向け腕時計に参入したときに誕生したモデルである。遡る1987年にレディスの「プルミエール」で、本格的腕時計ブランドの

歩みを始めていて、満を持してのデビューであった。

その腕時計は〝オールセラミックの高級腕時計〟というまったく新しいコンセプトであり、3年後にホワイトが追加されるまで、ブラックのバージョンだけで通した。ガブリエル・シャネル以来の、黒と白のカラーコードを遵守したのである。

しかも、傷つかず色褪せず、新品の誇らしさを保つハイテクセラミックの外装が、未来に価値を永続させる。

「パリのヴァンドーム広場にあるウォッチ クリエイション スタジオでデザインされ、スイスのラ・ショー・ド・フォンにあるシャネルのマニュファクチュールで組み立てられたタイムピース」は、そうして強固なアイデンティティを確立し、セラミックという素材の価値を高め、現在に至っている。

メタルと異なる色の表現ができるのも「J12」が選んだ素材、ハイテクセラミックの強みであり、色彩表現の幅が広がった。ホワイトとブラックの大胆な2色構成をみせる「パラドックス」はその好例だといっていいだろう。

またブラックのラッカーダイヤルとインデックス、ベゼルとその上の数字もブラックを重ねる黒の「ファントム」は、高耐性セラミックのブレスレットはもちろん、リューズ上にもセラミックのカボションをあしらった。

抑えに抑えた暗色による統一から、漆黒のシックなシルエットが立ち上がる。一方、白バージョンの「ファントム」では同じ手法を採ることで、明度100パーセントのブライトで清楚な上品さが透過する。

コレクションのなかにはジュエリーウォッチ、ハイジュエリーモデルがある一方、クロノグラフやフライング・トゥールビヨンも揃う。それでもシリーズを通じて200メートル防水を標準としている点で、スポーツウォッチとしての矜持もみせ、ほかとは一線を画すシャネルの個性が際立っている。

最初にシャネルがセラミック以外の、スポーツウォッチ以外の選択をしたとしたら、高級腕時計の世界はもっと違うものになっていただろう。

少なくとも〝あのシャネル〟がゴールドで繊細、ドレッシーな腕時計ではなく、硬質なセラミックで傷がつかないスポーティな腕時計を世に問うたのは、非常に勇気のある決断であったに違いない。シャネルと「J12」は、その賭けに勝ったのである。ロングセラーとなった「J12」コレクションは数年前に一新され、現在は事実上の第2世代が進行中である。とはいえその変化は、目にはさやかにみえぬほど奥ゆかしい。どう変わったのかをことさらには誇示しないのだが、38ミリモデルで全体の70パーセント以上をモディファイしたといわれている。

素材をリファインし、インデックスもセラミック製になった。文字盤側からセットする方式になったムーブメントは、自らも出資するケニッシ（KENISSI）社製で、エクスクルーシブ自動巻きに換装された。ケニッシはロレックス傘下チューダーの主力機にも採用された、定評あるムーブメント製造の手練である。

シースルーバックは、サファイアとセラミックをたくみに成型して堅牢性も高く、そこから覗く新ムーブメントの造形美は目をみはらせる。ローターに大胆な中空の円形モチーフを採ることで、ひと目でシャネルの出自を語るものだ。

「J12」の成功は、誕生当時のアーティスティック・ディレクター、ジャック・エリュの慧眼でもあった。「J12」とは、アメリカズカップ＝世界最高のヨットレースが、その当時の競技艇と定めていたヨットのクラス名「12メーター級」に由来する。

メーターといっても、それは船の長さではなく、複雑な計算より生み出されたサイズであり、実際のレース艇はもっと大きい。

それは現在の超スピードで争われるアメリカズカップではない。紅茶王サー・トーマス・リプトンが巨額の私費を投入した伝統、そして、ＣＮＮの創業者テッド・ターナーがスキッパーとして乗り込んだレースの伝説を象徴する、悠々たるラグジュアリーな男のロマンの反映だった。

ロレックスがヨットの世界に果たしている貢献は見逃せないが、シャネルはまったく違う方向からラグジュアリーとスポーツの界面を見極めている。

そうした精神的なレベルの意味で、シャネルのスポーツウォッチの存在価値は、極めて高い。それはスポーツウォッチであると同時に、試合後のパーティの席にも似合うドレスウォッチとしてもコードに叶う、特別な腕時計として結実しているのである。

セラミック製の高級ウォッチ、
その革新性が常識を覆した

ケースサイズ：38㎜ほか／ケース素材：セラミック、ステンレススティールほか／ムーブメント：自動巻きほか

J12

シャネルの主力ウォッチである「J12」は、斬新なセラミック製の高級腕時計としてデビュー以来、すでに20年を超える。レーシングカーと、アメリカズカップ艇のシルエットにインスパイアされた構造は、2000年のファーストモデルから変わっていないが、現在のモデルは完全なリファイン後で、ムーブメントもエクスクルーシブなキャリバーに変更されている。高耐性ブラックセラミック＆ステンレススティールのケースに逆回転防止ベゼルを備えた、「J12」のオーソドックスなスタイルの右のモデルは、ブラック ラッカー ダイヤル仕様。ねじ込み式リューズはスティールのベースに、ケースと同じブラック セラミックのカボションを添えていることからも、シャネルがセラミックを硬質のマテリアルというだけでなく、ジュエリーとして見立てていることが窺える。ブレスレットも同じ高耐性セラミックに、スティール製３重折りたたみ式バックルを装備する。

おわりに

この1年、NHKの国際放送からBSよしもとの番組まで、腕時計の話をしてきた。「プレシャス&メンズプレシャス ウォッチアワード」(小学館)では審査委員長を務めた。いろいろな話が舞い込むのは、腕時計ブームが加速し、一般の眼が向いているからだ。

そんな折、雑誌『Pen』の編集長を長年務められた安藤貴之氏から、この書籍企画を伺った。小生は『Pen』で、もう20年以上も腕時計連載や新作特集を書き続けているが、最初に声をかけてくださったのが安藤氏である。今回の企画もとびきり刺激的だった。

高級腕時計ビジネスは絶好調で、腕時計が足りない。その状況を加速させるかのようなテレビ番組やSNSの配信もあり、とくに日本では「ロレックス」がひとつのキーワードになっている。「ロレックスが買えない」という企画タイトル、腕時計は写真を使わずに全てイラストという構成に、危険な匂いを嗅ぎながらも惹かれたのである。

ロレックスはいうまでもなく、優れた腕時計をつくっている。社会的貢献も怠らず、尊敬に値するブランドである。それでも、人一倍、腕時計に触れてきた小生のような人間にしてみれば、ほかの魅力的なブランドや腕時計との出会いを否定するのは惜しい。

ロレックスは優れた時計であるが、絶対唯一の時計という意味であるかどうかは、主観的にせよ客観的にせよ別問題だ。

「人間と腕時計」という文化的テーマにおいて、ロレックスの大きな役割は否定しない。と同時に、それはほかの腕時計を否定することではない。私たちは、腕時計を選択する自由のなかに生きているのだから、と思う。

そんなアンビバレンツのなかで、原稿を書き始めた。ロレックスの歴史や、ロレックス不足という社会現象を扱った第1章、2章は、事実に忠実ではあるが、結果としてもっとロレックスが欲しくなる内容かもしれない。

一方で第3章、4章では、積極的に「ロレックスのオルタナティブ」を考え、提案している。著者の個人的見解が強く、かなり挑発的な内容になっているという批判は、甘んじて受けるつもりでいる。

とはいうものの、ロレックスとの比較対象として相応しい腕時計として挙げた品々は、いま見返してみても逸品揃いである。つくり手ではないのに変なものいいだが、ひとつひとつに自信があるし、真剣に薦めている。

新作を取材するために、例年スイスで開催される見本市取材を始めたのは、1990年代半ばのことだ。それが時計マニアには特権とみられていることを痛いほど知っているからこそ、誠実に取材をし、真面目な記事を心がけてきた。腕時計が語られることの社会的意義を問うために、大学教授・研究者として腕時計に関する文系の学術論文も書いてきた。

その点に免じて、この本に挙げたロレックスとそれ以外の腕時計に関する主観と主張は、聞き置いていただけると幸いである。もちろん反論があるだろうことは承知しているし、その方が健全だ。

学習院と早稲田の生涯学習講座で開講する腕時計講座の受講生のみなさんからも、きっとひと言あるだろう。

最近では、腕時計は腕時計以上のものだ、と書くことが多い。スマホがあれば時計はいらない時代に、腕時計は「必要ではない必需品」になった。客観的に見れば文化的表象であるその対象に、多種多様な個々人の力強い想いが重なる。
さらに全世界的な外的要因が加わって、「ロレックス現象」が起きた。そんな時代に、この本を書くことができたのも、天の配剤というべきだろうか。

最後になるが、この本に関わってくださった全ての方々への感謝、ロレックスはじめ掲載された各時計ブランドの皆さまへの敬意をお伝えする。
原稿制作では、富永淳の協力に感謝したい。また、このような挑戦的な本を書く機会を与えてくださった安藤貴之氏には、特別の感謝を申し上げる。

2023年3月吉日　並木浩一

ロレックスが買えない。

2023年3月25日　初版発行

著　者　並木浩一
発行者　菅沼博道
発行所　株式会社 CCCメディアハウス
〒141-8205
東京都品川区上大崎3丁目1番1号
電話　03-5436-5721（販売）
03-5436-5735（編集）
http://books.cccmh.co.jp

ブックデザイン　SANKAKUSHA
イラスト　小阪大樹
校正　株式会社 麦秋アートセンター
印刷・製本　株式会社 新藤慶昌堂

ISBN　978-4-484-22227-1